BIBLIOTHEQUE

DE LA SCIENCE PITTORESQUE

LES

MONSTRES INVISIBLES

DU MÊME AUTEUR

A LA MÊME LIBRAIRIE

—

Voyage sous les flots, 1 vol. orné de 22 vi-
gnettes . . . . 1 »
Par la poste 1 25

192. — ABBEVILLE. — IMP. P. BRIEZ

LES

MONSTRES

INVISIBLES

PAR

ARISTIDE ROGER

PARIS

P. BRUNET, ÉDITEUR, 31, RUE BONAPARTE

1868

Droits de traduction et de reproduction réservés

UN MOT SUR LE TITRE DE CET OUVRAGE.

On pourrait nous objecter que les *Monstres* dont nous allons parler ne sont pas tous des monstres, et que plusieurs de nos chapitres, ceux par exemple qui traitent des « *Secrets des plantes* » ne contiennent l'histoire d'aucune monstruosité.

Cette critique serait juste, si nous prenions le mot *monstre* dans le sens tronqué que lui a donné le langage usuel. — Mais nous restituons ici à ce qualificatif toute la valeur du *monstrum* des Latins, et nous l'employons, — à l'imitation des anciens, — pour désigner tous les êtres, tous les objets qui, par quelque singularité horrible ou gracieuse se distinguent de ceux que nous voyons ordinairement.

Pris dans ce sens général, le titre que nous avons choisi couvre bien tous les sujets traités dans ce livre. Nous ne créons pas un mot nouveau, nous nous contentons de rendre à une vieille expression toute l'extension qu'elle a perdue. C'est être fidèle au précepte d'Horace :
« *Multa renascentur quæ jam cecidere* »....

A. R.

LES
MONSTRES INVISIBLES

PREMIÈRE PARTIE

UNE EXCURSION DANS L'INVISIBLE.

—

CHAPITRE I

QUINZE CENTS ÉTAPES DANS LE CHAMP DE LA VUE.

Voyager !.. Voilà un rêve qui germe dans bien des esprits, qui trotte dans bien des cervelles, mais qui ne se réalise, hélas ! que pour un bien petit nombre de privilégiés.

La vapeur et l'électricité, en supprimant les distances, nous ont rendus, — il faut l'avouer, — extrèmement curieux.

On ne croit plus aujourd'hui comme au temps de Boileau :

> Que tout finit, où finit son domaine ;

l'on tient à connaître ses voisins, à se promener chez eux, et même à se mêler un peu de leurs affaires.

Je souhaite beaucoup, cher lecteur, que ce livre vous trouve dans cette heureuse disposition d'esprit.

Puissiez-vous n'aspirer qu'à voir les plus étranges choses du monde ; ne rêver que voyages et courses aventureuses ; ne projeter que lointaines excursions ; ne plus tenir en place ; comme on dit familièrement.

Je veux vous mener dans le pays le plus fantastique qu'il soit possible de parcourir ; et cela sans vous obliger à faire vos malles, ni même à prendre le train, la voiture ou le paquebot.

Ne croyez pas toutefois que je songe à vous mettre un bâton à la main pour que vous fassiez la route à pied...

Non ! je n'en veux pas à vos jambes ; et je vous demande seulement de vouloir bien ouvrir les yeux.

Que dis-je encore, *les yeux !* Un seul est nécessaire ; vous fermerez l'autre si vous y tenez.

Peut-on, en bonne conscience, donner moins d'embarras à des voyageurs?...

Mais voici que, fort étonné, vous vous demandez, en regardant autour de vous, où peut bien être le but de ce problématique voyage ; vous cherchez des yeux la route que nous aurons à suivre et les pays qu'il nous faudra traverser...

Eh bien, ne les voyez-vous point?

Cet air que vous respirez, ces aliments que vous prenez, ces vêtements qui protégent et parent votre corps, cette terre que vous foulez, ces milliers d'êtres organisés qui vivent avec vous, dans l'intimité la plus complète, souvent même sans que vous vous doutiez de leur présence, ne voilà-t-il pas mille sujets d'étude des plus attrayants?...

Et n'est-ce pas réellement un voyage que nous allons faire de compagnie?...

C'est un très-long voyage, au contraire, un voyage qui serait interminable si nous voulions nous arrêter à tout ce que nous trouverons, à chaque pas, d'intéressant et de curieux.

Dans ce monde où vous ne pouvez encore rien découvrir, nous verrons une multitude incroyable d'objets et d'êtres étranges, des peuples aux mœurs impossibles, des phénomènes extraordinaires, des œuvres inimaginables, des personnages d'une bizarrerie dont vous n'avez   l'idée.

Mais, pour bien voir tout cela, nos faibles yeux, ami lecteur, ne seront cependant pas tout à fait suffisants... La nature n'a accordé à nos sens qu'une subtilité fort restreinte ; et il est probable qu'elle a proportionné leur puissance à la taille et aux besoins des êtres qu'elle a été chargée de produire.

Je n'hésite pas à croire qu'un insecte, une fourmi, par exemple, voit à l'œil nu, des corpuscules et des animalcules que nous ne pouvons découvrir qu'à l'aide d'un instrument grossissant ; et je suis persuadé que l'acarus du fromage, vingt fois plus petit que la fourmi, voit aussi des objets beaucoup moins volumineux encore que ceux qui peuvent être distingués par l'œil de l'insecte travailleur.

Il sera donc nécessaire, dans le voyage que nous allons entreprendre, non-seulement d'ouvrir convenablement les yeux, mais encore d'augmenter la puissance et la portée de la vision ; de perfectionner pour ainsi dire la nature, et de donner à la vue le moyen de pénétrer dans des domaines qui semblent lui avoir été interdits.

L'excursion, quelque longue qu'elle puisse vous paraître, ne vous fatiguera nullement.

Les arpenteurs du pays de l'invisible ne comptent, il est vrai, pas moins de quinze cents étapes pour aller d'un bout à l'autre du domaine de la vue ; mais grâce aux appareils d'optique à l'aide desquels on parcourt cette immensité, l'on marche à travers ces espaces comme avec des bottes de sept lieues.

Dans l'argot des savants, les étapes se nomment des *diamètres* ; et à mesure que ceux-ci s'ajoutent les uns aux autres, les monstres, invisibles d'abord, paraissent de plus en plus énormes... On distingue les moindres détails de leur organisation ; on lit à travers leur corps ; et l'on va constamment de découverte en découverte.

Il est des habitants de ce monde étrange que l'on voit à *deux diamètres* ; mais d'autres qui ne se montrent qu'à six ou huit cents...

A cette effrayante distance, la plupart des objets revêtent d'ailleurs des formes trompeuses ; et si l'on continue le voyage, tout devient sombre, vague et confus.

A la quinze centième étape il faut nécessairement s'arrêter. L'œil fatigué se sent mouillé de larmes ; le regard s'effraie et recule, en présence du désert de ténèbres qui s'étend au devant de lui ; la vue impuissante s'égare et se perd dans une nuit jusqu'à présent infranchissable.

Voilà le domaine caché qui nous promet des surprises et des curiosités sans nombre. La nature, en vain a voulu le fermer à nos

regards, et mettre entre nos yeux et lui d'é-
paisses murailles.

Enfants espiègles et curieux, nous avons dé-
robé la clef, et pour le moment, j'ai le bonheur
de l'avoir dans ma poche.

Vous plaît-il d'entrer ?... Je serai votre cice-
rone; et peut-être ne serez-vous pas fâché de
parcourir un monde si différent du nôtre.

Est-il rien de meilleur que le fruit défendu ?

Je vous le demande, particulièrement à vous,
mes curieuses et chères lectrices?... Assurément non, n'est-ce pas? et je gage que vous ne
dédaignerez point de promener une minute votre
regard dans le mystérieux pays de l'invisible et
de l'inconnu.

Peut-être même me saurez-vous gré d'entr'ouvrir, pour vous, cette porte opaque derrière laquelle sont accumulés tant de secrets et de
merveilles, et je suis bien sûr, en tous cas, que
vous ne m'en voudrez pas d'avoir un instant eu
la hardiesse de centupler la force de pénétration de vos jolis yeux, déjà si vifs et si perçants
à la première puissance !...

CHAPITRE II

Avant de commencer ce voyage fantaisiste, il est juste et nécessaire que je vous fasse connaître l'instrument merveilleux qui doit nous transporter *en un clin d'œil* dans le monde des invisibles.

Si d'un seul coup, et sans vous prévenir, je m'avisais de vous conduire maladroitement chez les infiniment petits, et si, trop pressé de vous faire admirer ces êtres étranges, je vous criais de prime abord : « Regardez par ici !... voyez par là !... écarquillez vos yeux ! dilatez vos prunelles ! observez ! contemplez !... etc. », vous pourriez me prendre peut-être pour un magicien, ou plutôt pour un halluciné, ce qui serait très-injuste de votre part, et sans contredit très-désagréable pour moi.

Aussi me permettrez-vous de vous prendre par la main et de vous faire suivre doucement la route qui mène au mystérieux pays où nous allons.

Et d'abord laissez-moi vous montrer ce petit disque de cristal, rond comme une pièce de cent sous, ventru et renflé à son centre comme

une grosse lentille, et limpide comme le diamant.

Le nom de ce disque de verre, si originale-
ment taillé, nous venons de le prononcer à l'instant même, en le comparant à la petite graine
légumineuse pour laquelle Ésaü vendit son droit
d'aînesse à Jacob.

C'est une *lentille.*

Approchez-la de vos yeux, ma belle lectrice,
et regardez le bout rosé de votre petit doigt.

Eh bien ? — Vous allez me trouver fort mal
élevé, sans doute, mais malgré la grande envie
que j'ai de vous être agréable, je ne puis pourtant pas vous dire que, vu de cette façon, votre
petit doigt est joli. Je le vois énorme, rugueux,
sillonné de raies et de stries profondes, criblé de
trous comme une écumoire... C'est un petit
doigt de Gargantua, tout simplement, et non
pas un petit doigt de jeune fille.

Et pourquoi cette métamorphose subite ?...
Pourquoi cette transformation instantanée du
beau en horrible ? Où donc est la mauvaise fée
qui nous joue de ces tours-là ?...

Eh parbleu, la fée, la voici ! c'est ce morceau
de verre à travers lequel passe notre regard,
c'est cette lentille de cristal qui amplifie la puissance de nos yeux, multiplie leur force de pénétration, et augmente considérablement la
portée de notre vue.

Placée entre l'œil et l'objet que l'on regarde, la lentille reçoit les rayons lumineux qui, du point observé, se dirigent vers la rétine et trompent celle-ci en lui montrant une image impalpable et très-agrandie de l'objet; mais si tout à coup on enlève la lentille, l'objet se montre véritablement dans sa grandeur naturelle, et la rétine *s'aperçoit* qu'elle a été le jouet d'une mystification.

La lentille de verre, encadrée d'un anneau de bois ou de corne, porte le nom de *loupe* ou celui plus savant de *microscope simple*; mais relative-

Fig. 1. — Loupe ou microscope simple.

ment au *microscope composé*, la loupe ne grossit que très-faiblement les objets.

Il existe cependant une variété de microscope simple, qui grâce à d'ingénieuses complications possède un pouvoir amplifiant très-considérable. Ce microscope permet en outre à toute une assemblée de voir sans fatigue et sans dérangement, les scènes du monde invisible, ce qui le rend précieux pour les démonstrations. Il est vrai que ce charmant appareil, cent

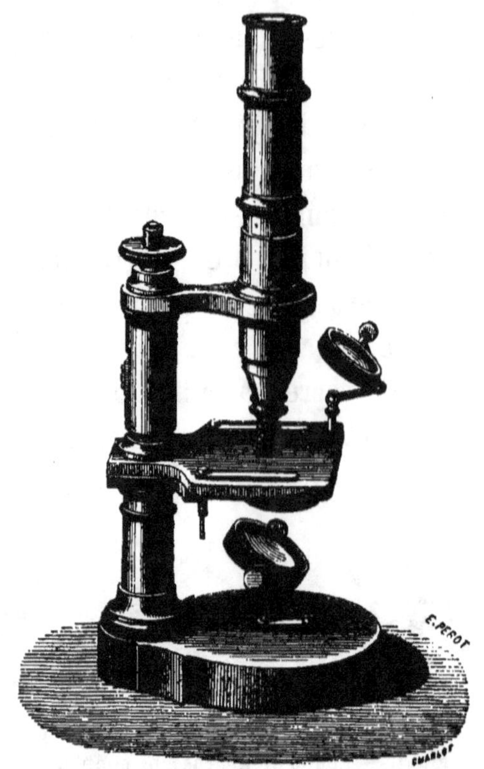

Fig. 2. — Microscope composé (système Chevalier).

fois plus merveilleux qu'une lanterne magique ne peut fonctionner sans le secours du soleil ou de la lumière électrique, aussi le nomme-t-on le *microscope solaire*.

Pour l'étude, le microscope composé ordinaire est celui que l'on doit préférer parce qu'il est d'un maniement plus facile et qu'il montre plus nettement les objets. Tous les microscopes ne sont pourtant pas également bons, et pour

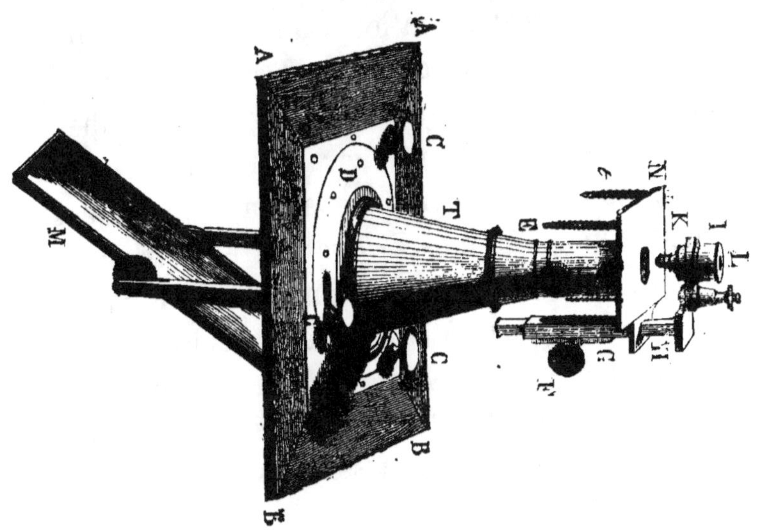

Fig. 3. — Microscope solaire (système Chevalier).

les apprécier à leur juste valeur les micrographes leur font subir un grand nombre d'épreuves qu'il serait trop long de rapporter ici.

Je dois vous dire, d'ailleurs, qu'il en est des instruments grossissants comme des armes à feu. Ils ont, suivant leur perfection, plus ou moins de portée. Entre la loupe et le microscope tel que le construit aujourd'hui Arthur Chevalier, il existe autant de différence qu'entre l'ancienne arquebuse à rouet et le fusil Chassepot. On pourrait même, à la rigueur, établir une sorte de comparaison entre les mesures adoptées pour déterminer la puissance d'un microscope et celles en usage pour apprécier la portée d'un fusil ou d'un canon.

Ainsi, regardez à la loupe ou au microscope un petit objet, une lettre, un H si vous voulez. Le trait horizontal qui réunit les deux jambes parallèles de cet H peut être considéré comme le *diamètre* de ce caractère alphabétique. Ceci étant admis, supposez que votre instrument d'optique soit assez puissant pour vous montrer ce trait horizontal *cinq fois* plus long qu'il ne l'est réellement sur le papier. Vous dites alors que votre microscope grossit à *cinq* diamètres, et vous connaissez ainsi son pouvoir grossissant.

Ne procède-t-on pas de la même façon pour déterminer la portée d'une arme à feu ?... Il est vrai qu'on l'essaie contre des cibles et que c'est par des mètres et non par des diamètres que l'on mesure sa portée; mais n'est-ce pas là toute la différence ?

Nous sommes pourtant au bout de cette interminable explication, et j'avoue, sans trop de fierté, toutefois, que ma comparaison me semble assez satisfaisante. N'allez pas croire cependant que je l'ai amenée dans l'unique but de vous dire plaisamment que nous allons désormais conquérir le monde des infiniment petits au moyen de cette artillerie d'un nouveau genre. Il est certain que nos opticiens construisent aujourd'hui des microscopes de tous les calibres, de toutes les dimensions et de toutes les portées.

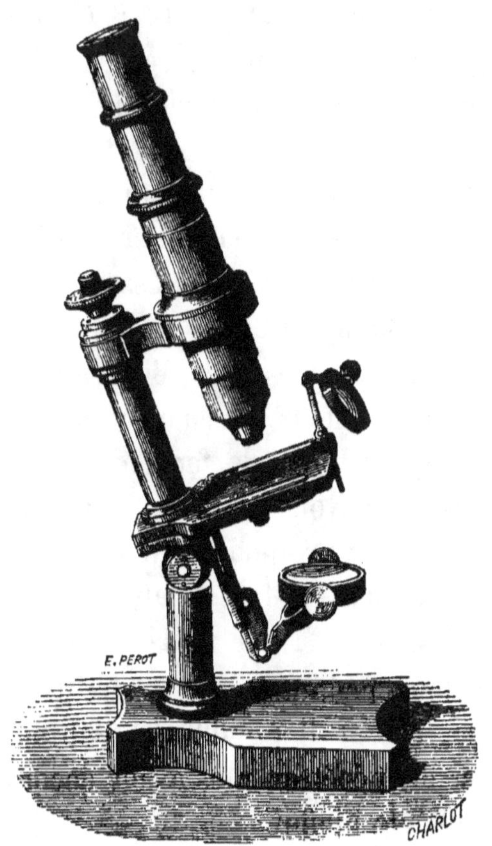

Fig. 4. — Microscope composé à inclinaisons, grossissant 900 fois
(système Chevalier).

Ces instruments consistent tous, d'ailleurs,
dans un assemblage plus ou moins compliqué
de lentilles simples, disposées aux deux bouts
d'un gros tube de cuivre poli.

Les lentilles placées à l'extrémité inférieure
du tube constituent ce qne l'on nomme l'*objectif*
parce que l'*objet* que l'on examine se fixe

directement au dessous d'elles sur une plaque spéciale, nommée la *platine* ; et les lentilles de l'extrémité supérieure forment l'*oculaire*, en rapport avec l'*œil* de l'observateur.

La platine est percée d'une ouverture arrondie qui donne passage à la lumière réfléchie sur l'objet par un *miroir concave* assujetti dans ce but à la base du microscope.

Tel est, dans son essence, l'instrument merveilleux qui doit nous transporter au-delà du monde vulgaire, dans le fantastique pays des êtres invisibles. Nous pourrons, grâce à lui, en sonder toutes les profondeurs jusqu'à ce que la lumière nous fasse défaut ; mais nous sentirons encore frissonner la vie dans ces ténèbres, et quelque jour peut-être, grâce aux progrès de l'optique, sera-t-il possible de débrouiller ce chaos et de pénétrer plus avant encore, dans le domaine de l'infini.

CHAPITRE III

Si, nous laissant emporter par trop d'ardeur, nous ne prenions pas garde à tout ce qui vient se présenter à notre microscope, nous serions inévitablement trompés et mystifiés à chaque instant.

La lumière, l'air, l'eau, les corpuscules qui flottent de toutes parts autour de nous, se joueraient de nos efforts avec une sorte d'effronterie, et nous donneraient l'idée la plus fausse du monde invisible.

La fable des astrologues qui voyaient dans la lune un rat caché dans leur télescope, se réaliserait cent fois pour nous, et nous marcherions constamment dans un dédale d'erreurs et de faussetés.

Aussi, les touristes intrépides qui veulent se hasarder sans guide dans les champs infinis que nous allons explorer, doivent-ils, avant d'entrer en campagne, étudier longuement les ruses, les supercheries, les travestissements des mystificateurs.

Il ne s'agit pas d'aller prendre pour un monstre une impureté fixée à l'objectif, une tâche ou une strie altérant les lentilles de l'oculaire !

Il ne faut pas que la lumière, mal dirigée par le miroir, dissimule les formes des objets, les estompe sur les bords, les éclaire trop au centre, les fasse miroiter ou scintiller à l'œil.

Le rayon lumineux doit être doux et pur. Il faut le demander à l'azur du ciel, ou mieux aux flancs opaques de ces gros nuages blancs qui cheminent si lentement dans l'atmosphère. Le soir, une bonne et forte lampe peut remplacer la lumière du jour ; mais il faut se défier de la flamme tremblotante du gaz, qui fatigue considérablement la vue.

L'air et l'eau mêlés l'un à l'autre forment très-souvent des groupes de bulles arrondies qu'il suffit d'avoir vues une fois pour les reconnaître ; mais si ces bulles sont écrasées sous une lamelle de verre ou tout autre corps transparent, elles prennent l'aspect d'un réseau de cellules irrégulières, de formes très-capricieuses, et simulant à s'y méprendre des lambeaux de tissu végétal.

Les poussières éparpillées dans l'atmosphère ont aussi leur malice et leur perfidie. Elles viennent sournoisement se glisser sous l'objectif, et frappent tout à coup l'observateur de stupéfaction.

Tantôt il croit voir un monstre des plus étranges s'étirer sur d'innombrables paires de pattes, dresser sa tête et sa queue, s'allonger, se raccourcir, prendre les positions les plus cocasses; tantôt il s'imagine avoir sous les yeux une cellule vivante dont il étudie bien la forme originale; tantôt enfin il se croit en présence d'une tribu d'infusoires dont il attend le réveil avec la plus grande anxiété.

Bien persuadé qu'il a fait une trouvaille, le malheureux micrographe étudie, commente, interprète ce qu'il voit. Il reste en contemplation des heures entières, il s'enfonce dans le sentier de l'erreur; il prend note de ces observations trompeuses, les enregistre, les souligne avec amour, se frotte joyeusement les mains en songeant au grand mémoire à publier sur ces importantes découvertes, et court à toute bride dans des chemins conduisant aux conclusions les plus insensées.

Bien heureux quand il peut s'apercevoir à temps qu'il a été le jouet d'un brin de fil, d'une écaille de lépidoptère, ou de quelques grains d'amidon!...

DEUXIÈME PARTIE

—

CHAPITRE I

LES DEUX SOEURS.

Vous avez sans doute entendu raconter dans votre enfance l'histoire merveilleuse de ce prince charmant, qui, pour conquérir un talisman caché dans un sombre château, devait se frayer une route à travers une légion de monstres effroyables?..., Vous êtes en ce moment, cher lecteur, dans la situation de ce héros aventureux. Pour atteindre le but que je vous ai proposé, il faut vous armer de résolution et de courage et commencer par franchir victorieusement l'effrayante barrière qui se dresse devant vous.

Les monstres contre lesquels nous nous met—

tons en campagne, vous les connaissez chacun par leur nom sans doute ; vous les avez même peut-être vus... à l'œil nu ; mais vous n'avez pas l'idée de ce qu'ils peuvent être, considérés au microscope...

Vous saurez de qui je veux parler, quand je vous aurai dit qu'on les nomme généralement *nos parasites...*

Mais voilà que le cœur vous manque et que vous reculez déjà ! *Nos parasites !* Ces mots vous rappellent une population d'êtres horribles, laids, malpropres, repoussants, et vous m'en voulez peut-être de vous avoir conduits en présence de cette multitude hideuse, loin de laquelle vous avez toujours vécu.

Pourtant, rassurez-vous. Nous avons contre cette troupe malfaisante une arme terrible qui nous préservera de ses atteintes, et qui frappera de stupeur, aussi bien qu'une baguette enchantée, les monstres acharnés contre nous. Cette arme est la fleur odorante du pyrèthre. Prenons à la main un rameau de cette plante, et protégés par son influence salutaire, avançons hardiment...

Voyez-vous déjà parader et sautiller, à l'avant-garde de nos ennemis, cet insecte noirâtre, revêtu de plaques imbriquées comme les pièces d'une cuirasse, et remuant avec convoitise ses lèvres avides de sang ?

C'est la puce, *pulex irritans*, comme l'appelait Linné, le célèbre naturaliste.

Vous distinguez parfaitement au microscope ses six pattes articulées et robustes qui lui permettent d'accomplir des bonds si prodigieux relativement à l'exiguité de sa taille ; vous voyez ses grands yeux à facettes, ses antennes qu'elle agite constamment, et l'appareil formidable qui lui sert à puiser dans la peau, le liquide généreux dont elle fait sa nourriture.

C'est un petit chef-d'œuvre de délicatesse, que ce suçoir aux piqûres cuisantes, dont la bouche de la puce est armée. Il se compose, tout mince qu'il est, de cinq pièces mises en mouvement par des muscles d'une grande puissance, qui permettent à l'animal d'entamer l'épiderme le plus dur. Au centre de l'appareil se trouvent deux lancettes dentelées sur leurs bords et appliquées l'une contre l'autre comme les deux lames d'une paire de ciseaux fermés. En dehors, ces deux lancettes sont recouvertes chacune d'une *gaîne* creusée dans l'épaisseur de la mâchoire, et en dessous elles reposent sur la lèvre inférieure qui les protége et les soutient. Cette lèvre et les deux mâchoires sont terminées par des palpes finement articulés, qui sont à la fois le siége du goût et de l'odorat.

Quand l'insecte veut faire usage de ce merveilleux appareil, qu'envierait un gastronome, il écarte ses mâchoires et sa lèvre inférieure des deux lancettes dentelées. Il enfonce celles-ci verticalement, dans la peau qu'il a choisie ; et brusquement alors les deux lames tranchantes s'ouvrent, divisent le tissu cutané qui saigne, et conduisent dans la bouche de la puce le liquide nourricier, dont le monstre s'abreuve, jusqu'à ce que son estomac et ses intestins en soient remplis.

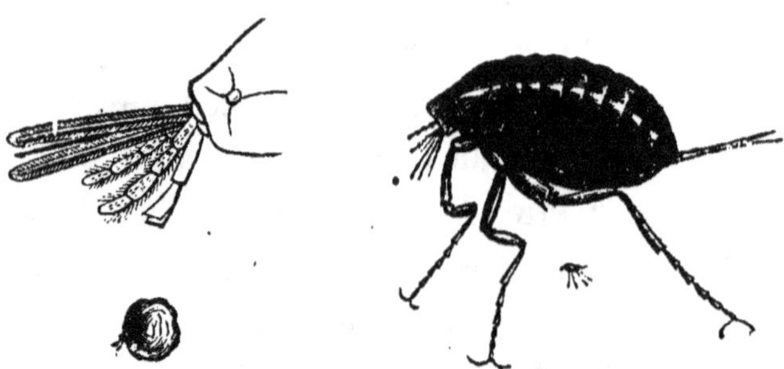

Fig. 5, 6, 7, 8. — *A droite :* La chique grossie; *au dessous,* la chique grandeur naturelle. — *A gauche :* Appareil buccal très-grossi; *au-dessous,* la chique gorgée de sang.

Malgré sa voracité, la puce ordinaire est cependant un modèle de tempérance à côté de sa sœur américaine, la *puce pénétrante,* que l'on nomme *chique,* à la Guyane et au Brésil. Celle-ci, lorsqu'elle attaque l'homme, ne se contente pas de lui faire une simple piqûre. Elle s'enfonce elle-même dans la peau de sa victime, et s'y tient solidement cramponnée, sans cesser de boire et de sucer son sang. Bientôt son abdomen, presque imperceptible à l'état normal, acquiert les dimensions d'une grosse fève, et cependant l'horrible insecte pompe toujours. Sa peau distendue menace de crever ; il ne lâche pas prise ; et si le malheureux auquel il s'est attaché, veut essayer, pour mettre fin à la douleur qu'il éprouve, d'extirper l'insatiable vampire, la tête et les pattes de celui-ci restent dans la plaie, et finissent par y déterminer une ulcération qui peut devenir très-grave.

Il serait donc injuste de ne point reconnaitre à la puce européenne quelques *avantages* sur la chique brésilienne, et nous devons remercier la Providence d'avoir jeté chez nous le moins féroce des deux suceurs.

Notre insecte entend d'ailleurs très-bien la civilisation, tandis que celui qui vit en Amérique, n'ayant d'autre dieu que son ventre, me paraît totalement dénué de la moindre aptitude intellectuelle. Nous avons encore pu voir tout récemment, à Paris, des *puces savantes*, dressées à traîner un charriot, et à faire cent exercices bizarres, pour l'amusement du public.

Nous devons ajouter encore, comme circonstance atténuante, que la puce de nos climats est une excellente mère de famille. A côté des œufs imperceptibles qu'elle pond, elle place une quantité de petits grains rougeâtres, qui ne sont autre chose que du sang coagulé. Quand les larves voient la lumière, elles trouvent ainsi la table mise, et commencent la vie par un bon repas.

Il est vrai que c'est encore à nos dépens qu'elles font ce premier déjeûner !...

CHAPITRE II.

UN DÉCLASSÉ.

Il faut cependant en parler de ce monstre repoussant et hideux qui pullule, avide de sang humain, dans la chevelure de l'enfance mal peignée !...

A moi les métaphores, les périphrases, les mots couverts et les expressions voilées !... A moi non-seulement les fleurs de rhétorique, mais encore celles de la pédiculaire et du colchique ; les semences de la staphysaigre et du pied d'alouette, les racines de la patience et de l'aunée !...

Le microscope au poing, je me mets en campagne, et pour vous, cher lecteur, je vais attaquer dans son repaire, comme une hyène dans un bois, l'insecte redoutable. Restez *bravement* à l'écart, je me sacrifie, et je vous rapporte emprisonné entre deux lames de verre, le parasite qui vous fait reculer d'horreur.

Son histoire est d'ailleurs intéressante et curieuse, comme l'est ordinairement celle d'un misérable ou d'un gredin, et peut-être vous plaira-t-il de l'entendre.

Le *pou*, — puisqu'il faut l'appeler par son

nom, — fut longtemps un être *déclassé*, un vagabond, sans place marquée dans la série animale. Il a toujours désespéré les bons naturalistes qui se sont occupés de le caser dans l'échelle des êtres, et durant de longues années, il a été le sujet des discussions les plus vives. Aujourd'hui enfin, malgré les protestations de quelques puritains qui veulent encore absolument le ranger dans un compartiment à part, ses protecteurs le font entrer dans l'ordre des *Hémiptères*, et dans la famille des **Rostrés**.

Ces Rostrés, il est vrai, auraient peut-être pu faire les difficiles, quand on leur imposa cet intrus, et ne pas vouloir reconnaître un parent d'une si mauvaise réputation ; mais se trouvant déjà fortement compromis par leur évidente parenté avec la punaise, ils n'osèrent pas se plaindre, et les naturalistes indélicats profitèrent de cette situation embarrassante, pour leur glisser le pou en qualité de cousin.

Voilà donc ce pauvre diable enregistré, malgré sa nudité complète, parmi les *hémiptères*, qui possèdent, eux, des *moitiés d'ailes*, comme l'indique leur nom.

Je ne vous dirai rien de la forme ni de la couleur de ce malheureux parasite. Sa laideur est proverbiale ; son aspect dégoûtant. Mais son bec, en revanche, est, comme celui de la puce, d'une extrême délicatesse, quoiqu'il diffère complétement de l'organe à pièces multiples que nous avons étudié plus haut.

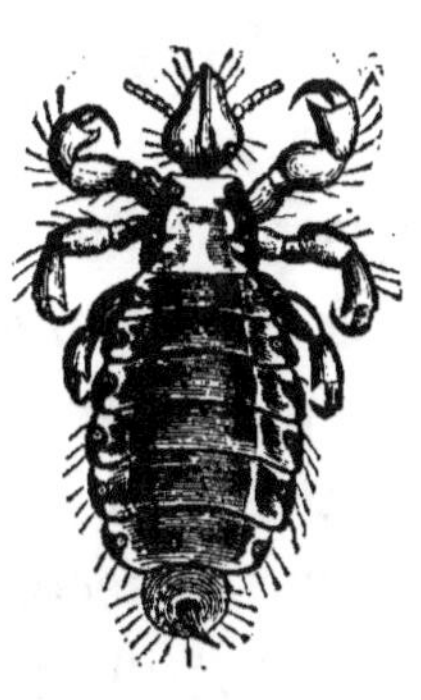
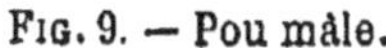

Fig. 9. — Pou mâle.

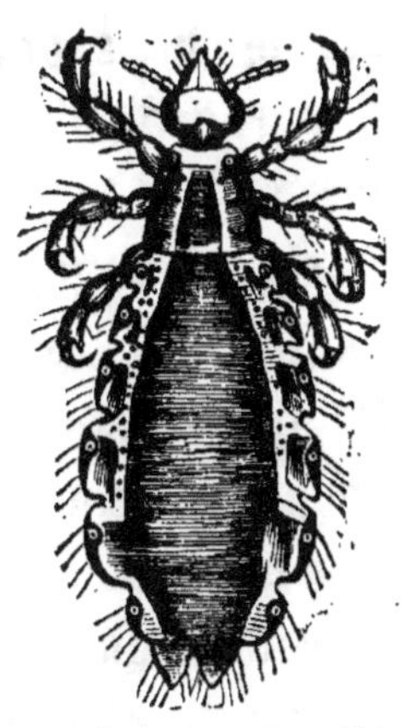

Fig. 10. — Pou femelle.

Le suçoir du pou a la forme d'un poinçon, présentant vers son extrémité quelques crochets rayonnant au-dessous de la pointe, et destinés à maintenir l'arme dans la blessure. Outre cet appareil à la fois perforateur et aspirateur, l'insecte mâle porte sur le dernier anneau de l'abdomen un petit aiguillon recourbé, dont on ne connaît pas bien les usages.

L'homme n'est pas le seul être qui soit attaqué par les parasites dont nous parlons ; mais ceux de ces insectes qui vivent sur les autres mammifères et sur les oiseaux, n'ont pas été classés, avec raison sans doute, dans l'ordre des hémiptères. Les savants leur ont donné des noms différents, et les ont placés parmi les *ricins*, les *dermanysses*, et les *ornithomyes* chez les *Ortho-ptères* et les *Arachnides*.

Revenons donc à notre parasite, dont le plus grand défaut, avant même celui de la laideur, est l'extraordinaire fécondité dont l'a gratifié la nature.

En six jours, un de ces insectes pond une cinquantaine de ces œufs blanchâtres, nommés *lentes*, qu'il suspend aux cheveux par une sorte d'anneau, et l'on a calculé, comme on l'a fait aussi pour quelques poissons, que la seconde génération d'un pou s'élèverait à 2,500, et la troisième à 125,000 de ces horribles animaux, si l'on n'y mettait obstacle....

Mais rien n'est plus terrible que l'effrayante propagation des poux dans cette abominable maladie que l'on appelle *phthiriase* ou *maladie pédiculaire*. L'espèce qui la produit, diffère notablement de l'espèce ordinaire autant par sa forme que par ses mœurs.

Heureusement pour l'humanité, la *phthiriase* est si rare qu'elle est très-imparfaitement connue, même des médecins.

L'insecte, dans les cas épouvantables que l'on cite, creuserait des sortes de sillons sous l'épiderme des malades, et s'y propagerait avec une telle rapidité que bientôt on en verrait sortir d'horribles légions de parasites !...

Je trouve dans la *Zoologie médicale* de Mo—

quin-Tandon, une sombre liste de noms illustres, que je ne puis m'empêcher, en terminant ce chapitre, de mettre sous les yeux du lecteur.

Ce sont les grands personnages qui ont succombé à la suite de la maladie pédiculaire.

On y trouve : Les rois Antiochus et Hérode, — le philosophe Phérécide, — le dictateur Sylla — Agrippa, — Valère Maxime, — l'empereur Arnould, — le cardinal Duprat, — Philippe II, roi d'Espagne. — Foucquau, évêque de Noyon, que l'on fut obligé de coudre, par précaution, dans un sac de cuir, avant de l'enterrer !...

Ainsi, le hideux insecte que l'on croirait ne trouver qu'au fond du tonneau de Diogène, n'épargne pas plus les rois que les mendiants. Il ne fait aucune distinction entre les peaux humaines ; et quand la nature veut que cet être immonde se développe tout à coup, comme un fléau, l'animalcule obéit et ronge, malgré les mille moyens qu'on lui oppose, aussi bien le prince sous son manteau de pourpre que le misérable sous ses haillons !...

CHAPITRE III

Si rien n'est plus cruel que d'avoir des ennemis cachés, des tyrans inconnus qui nous attaquent dans l'ombre, que de remercîments ne devons-nous pas au microscope, qui nous permet de voir et de saisir les plus méchants d'entre eux.

Un ennemi que l'on connaît est à moitié vaincu. On peut prévoir ses coups, déjouer ses complots, entraver ses desseins funestes, mettre un frein à sa perfidie.

Connaissez-vous l'atome imperceptible qui vit en parasite sous l'épiderme de quelques animaux, et qui produit la gale ?.... C'est un être aux formes hideuses, arrondi, hérissé de longues soies, et muni, malgré sa petitesse, de mandibules fortes et tranchantes.

Que de peines inutiles on se donnait autrefois pour combattre l'affreuse maladie qu'il engendre quand il a élu domicile dans une peau humaine !... Toute la thérapeutique du temps était impuissante à guérir un galeux ; toutes les formules magistrales et toutes les drogues des boutiques étaient sans force et sans vertu devant l'animalcule invisible !

Aujourd'hui que le parasite est connu, le remède le plus simple agit très-efficacement contre lui.

En deux heures, quelques lotions sulfureuses détruisent des légions de ce vorace fouisseur auquel jadis les apothicaires et les médecins étaient forcés de rendre les armes.

Les naturalistes de notre siècle ont donné à cet *infiniment petit* le nom de *sarcopte de la gale*, et l'ont rangé parmi les Arachnides dans la famille des Acariens. Mais leurs prédécesseurs connaissaient aussi ce parasite ; et Rabelais lui—même en parle deux fois dans son *Pantagruel*. Il est vrai qu'après Rabelais l'existence du sarcopte fut mise en doute, et je suis bien

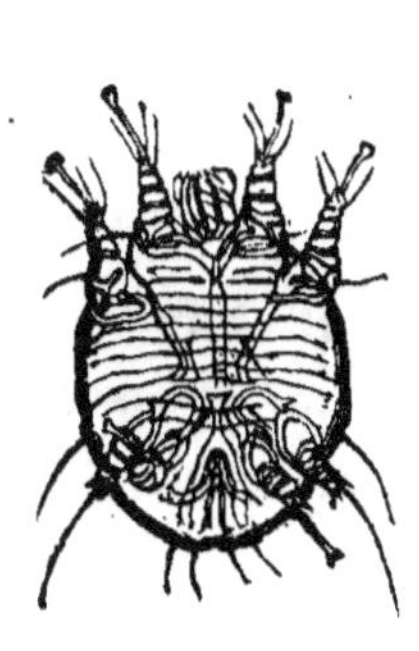

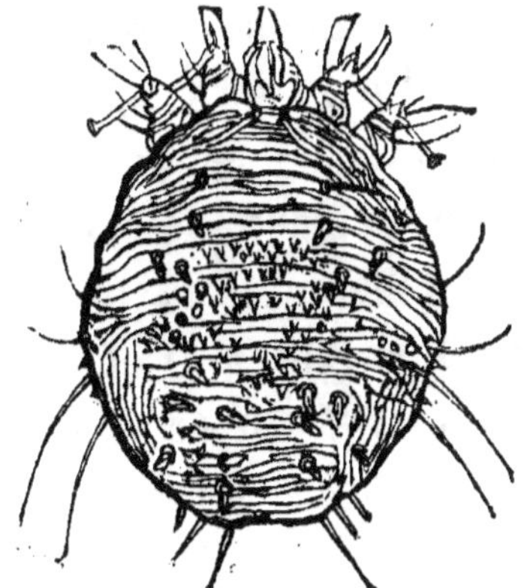

FIG. 11. — Sarcopte de la gale, vu en dessous.

FIG. 12 — *Id.* vu en dessus.

persuadé que les médecins du temps de Molière n'y croyaient plus.

Ce ne fut qu'en 1834, qu'un étudiant en médecine, nommé François Renucci, montra clairement à tous ses camarades et à son maître lui-même, le savant Alibert, de véritables sarcoptes qu'il fit sortir sous leurs yeux de la peau d'un malade.

Depuis ce temps, l'Arachnide qui produit la gale a été parfaitement étudiée par de savants micrographes, et l'on connaît aujourd'hui ses moindres habitudes, et les plus intimes détails de son organisation.

Quand un sarcopte est déposé sur la peau, il se dirige avec une extrême vitesse vers le poil le plus proche, et c'est à sa base qu'il cherche à creuser le tunnel sous-épidermique dans lequel il doit trouver à la fois un abri paisible et une abondante nourriture. Le moindre duvet est pour l'animalcule ce que pour nous est un gros chêne ; et c'est sous son ombrage qu'il se met à l'œuvre avec un courage tout-à-fait exemplaire. L'épiderme étant à la base du poil plus mince et moins adhérent à la peau, l'ouvrier fouisseur arrive bien vite à le décoller légèrement, à le soulever et à glisser sa tête, puis son corps, dans l'ouverture ainsi pratiquée.

Sa victime éprouve alors une vive démangeaison ; elle se gratte, se gratte…. mais il est trop tard : l'acarien, parfaitement abrité, reste coi ; et ce n'est que le soir, à l'entrée de la nuit, qu'il reprend ses travaux. Il creuse sa galerie doucement, patiemment, sans pioche ni pelle, taillant avec ses mâchoires le tissu résistant, et dévorant, pour mieux s'en débarrasser, les matériaux qui le gênent.

Les démangeaisons du patient redoublent ; il se frotte et s'égratigne avec une sorte de rage ; mais cela importe peu désormais au mineur qui continue à percer son tunnel avec une insouciance charmante. Il prend possession de sa victime, s'installe carrément sous sa peau, perce des fenêtres à travers l'épiderme pour laisser entrer jusqu'à lui l'air dont il a besoin pour respirer, pond ses œufs, élève ses petits, boit, mange, fouille, se promène en long et en large, dort toute la journée, et s'engraisse à loisir. Jamais locataire ne s'est moqué de son propriétaire comme cet être-là. Il fait les cent coups dans la maison, la dévore en même temps, et nargue le congé par huissier.

Ce n'est qu'après avoir les mains sillonnées en tous sens par les galeries de l'effronté parasite que le propriétaire, poussé à bout, souffrant des douleurs intolérables, se décide enfin à s'adresser au médecin, — j'allais dire à la force armée, — pour être débarrassé de son locataire intraitable. Mais, chose cruelle et vraiment pénible !... ce n'est qu'à la condition d'être savonné à outrance et de recevoir deux ou trois bonnes *frottées* que l'infortuné propriétaire redevient le maître chez lui !...

CHAPITRE IV

MILLE MONSTRES DANS UN RUBAN.

Nous n'avons étudié jusqu'à présent que les parasites qui nous attaquent ouvertement, en pleine lumière, et loyalement, comme faisaient les anciens preux ; mais vous n'ignorez pas, ami lecteur, que notre pauvre corps est quelquefois aussi ravagé par des traîtres et des félons, qui se glissent furtivement dans nos entrailles et nous rongent avec autant de sans-gêne que de perfidie.

C'est encore au microscope que nous devons la connaissance exacte de ces êtres ténébreux, et Vidocq lui-même, malgré son talent bien connu pour découvrir les ruses des scélérats, n'eût jamais été aussi habile qu'une simple lentille grossissante, pour débrouiller la curieuse histoire des malfaiteurs qui vivent dans nos tissus.

La vie de ces *Entozoaires* (animaux intérieurs), comme les désignent les étiquettes scientifiques, fourmille de détails intéressants ; car ce n'est qu'à travers une multitude de conditions hasardeuses que ces parasites arrivent à leur complet développement. Leur existence, tourmentée et véritablement aventureuse, doit être à chaque instant modifiée, transformée, remaniée, sinon elle s'arrête et s'éteint misérablement.

Les plus remarquables des entozoaires sont les ténias ou *vers solitaires*, de la grande famille des helminthes.

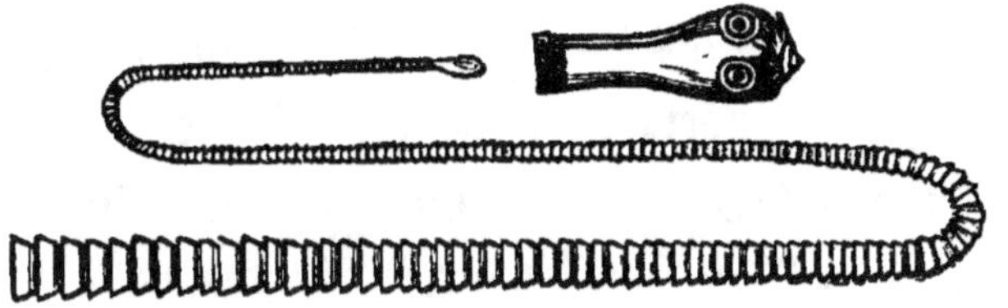

FIG. 13. — Le ténia ou ver solitaire.

Vous avez sans nul doute entendu parler de ce ver rubané, dont le corps, divisé en une interminable série d'anneaux, pouvait atteindre une longueur démesurée. Bien des personnes se vantent d'en avoir vu de vingt, de trente mètres au moins, et la plupart se fâchent quand on taxe leur dire d'exagération. Jamais cependant le ténia n'arrive à ces dimensions colossales, et il ne dépasse guère quatre à cinq mètres de longueur, ce qui est déjà bien joli.

Mais avant d'en venir là, avant d'atteindre cette taille, supérieure même à celle de trois tambours-majors superposés, le ver solitaire mène la vie la plus accidentée qui soit au monde. Je vais essayer de vous faire brièvement le récit de toutes ses vicissitudes.

L'enfance du ténia, son premier âge, sont

couverts d'un voile de ténèbres, que le miroir du microscope lui-même n'a pu complétement encore percer de ses rayons.

Ce que l'on sait bien, par exemple, c'est que le parasite existe dans la nature à l'état d'œufs ou de germes, et que ceux-ci ne viennent pas d'ailleurs que des intestins des animaux attaqués déjà par le perfide entozoaire. Ces œufs sont extrèmement petits; ils tombent avec les excréments, et le vent les disperse de tous côtés, au hasard:

> De la forêt à la plaine,
> De la montagne au vallon...

Voilà donc ces œufs disséminés de toutes pàrts, et condamnés à mener une vie errante, jusqu'à ce qu'un animal, une brebis, par exemple, venant à brouter l'herbe fraîche, leur donne l'hospitalité dans son estomac.

Malheureuse bête!... Comme le villageois de la fable, elle réchauffe un serpent dans son sein!... L'œuf du parasite arrivé dans le tube digestif se réveille; il se sent dans sa patrie, sur le terrain qui lui convient, sous le climat qui doit le faire éclore... Et bientôt, en effet, l'intestin de la brebis est envahi par un helminthe, hydre vivante qui se nourrit aux dépens de l'animal qui lui a donné asile sans s'en douter. Mais ce n'est pas tout : le parasite qui se développe chez la brebis, n'est pas encore le véritable ténia tel que nous le connaissons ; il existe entre lui et le ver solitaire aux longs rubans, la même différence qu'entre la chenille et le papillon. Cette vie *intrà-moutonnière* du ténia. — grâce pour l'expression, — n'est que transitoire, et nullement définitive ; c'est un surnumérariat.

Heureusement pour le vilain parasite, l'homme un jour tue la brebis, la fait cuire et la mange ; mais la pauvre bête est vengée par son ennemi même, car celui-ci passant — encore par hasard — du quadrupède chez l'homme, monte en grade et devient enfin le ténia rubané.

L'histoire du ver solitaire est celle de tous les entozoaires helminthes. La trichine du porc se développe absolument de la même façon.

Le microscope nous a révélé une foule de particularités étranges sur l'organisation du ténia. Chacun de ses anneaux est un être complet, un animal distinct, à la fois mâle et femelle — hermaphrodite, — comme disent les savants. Or chaque mètre de ténia comprend bien en moyenne 250 à 300 anneaux. Quand l'animal mesure 5 à 6 mètres, voyez de quelle immense chaîne de monstres ce ruban se trouve composé !...

Grâce à cette étrange organisation, il est

FIG. 14. — Tête du ténia
montrant les suçoirs.

FIG. 15. — Crochets du ténia détachés et considérablement grossis.

aisé de comprendre que le moindre débris du
ver puisse vivre quoique séparé du reste du
corps, et cela d'autant plus facilement que le
parasite ne se sert guère de son tube digestif
pour digérer. Il se nourrit surtout par imbibition
au milieu des liquides qui le baignent. Il absorbe,
à la façon d'une éponge, la meilleure part des
aliments pris par sa victime, et les boit au
moment même où ils se transforment en *chyle*
dans l'intestin.

Sa tête n'est pas autre chose qu'un renflement
globuleux couronné de crochets microscopiques
à l'aide desquels l'animal se fixe sur la muqueuse
intestinale. Au-dessous d'eux se trouvent deux
ou trois suçoirs qui complètent les armes offensives du monstre.

CHAPITRE V

L'entozoaire dont vous venez de lire l'histoire, n'est pas le seul qui vive dans l'épaisseur
de nos tissus.

Vous savez fort bien que les vers les plus
communs ne sont pas ces ténias rubanés aux
proportions effrayantes, mais bien ces hideux
helminthes cylindriques, semblables aux *lombrics
terrestres*, et nommés pour cette raison *ascarides
lombricoïdes*.

Ce sont surtout ceux-ci qui tourmentent
les jeunes enfants, et c'est contre eux que
l'on trouve dans l'arsenal thérapeutique le
semen-contra, la mousse de corse et le calomel.

Pendant de longues années, les médecins
ont cru que l'ascaride vivant dans l'intestin n'était autre que le ver de terre accidentellement introduit dans les voies digestives, mais grâce au microscope on n'a
pas tardé à découvrir qu'entre notre parasite et
l'annélide il n'existait pas le moindre lien de
parenté.

L'ascaride lombricoïde attaque de préfé

rence les enfants des classes pauvres, et ceux d'un tempérament lymphatique. Ces vers se propagent quelquefois avec une extrême rapidité, et des. médecins dignes de foi assurent qu'ils en ont compté jusqu'à *mille* dans l'intestin de jeunes enfants tués par cette légion d'affreux parasites.

Fɪɢ. 16 et 17. — Ascaride lombricoïde *(mâle et femelle)*.

Quand ces vers sont en nombre, ils ne se bornent pas, en effet, à rester dans l'intestin. Ils envahissent le tube digestif tout entier, remontent vers l'estomac, traversent même cet organe, en rampant sur ses parois, gagnent l'œsophage, et arrivent dans le pharynx. Alors ils sont ordinairement expulsés par la bouche, mais quelquefois ils pénètrent jusque dans les fosses nasales, et même, ce qui est beaucoup plus grave, ils s'introduisent dans le larynx. M. Cruveilhier a cité l'exemple « d'un homme qui, éprouvant une vive démangeaison dans la narine, y porta la main et en arracha avec étonnement une très-longue ascaride. »

M. Jobert de Lamballe a observé aussi un cas d'asphyxie par un de ces parasites qui avait pénétré dans la trachée-artère d'un malade.

L'organisation de l'ascaride est complétement différente de celle du ténia. Tandis que chez celui-ci chaque anneau du corps représente un monstre distinct, l'ascaride toute entière ne forme qu'un seul individu.

Il existe même dans la tribu des helminthes lombricoïdes, une notable différence entre les mâles et les femelles, celles-ci étant beaucoup plus nombreuses, et plus grandes que ceux-là.

La bouche de l'ascaride, vue au microscope est extrêmement curieuse. C'est un petit orifice entouré de trois renflements arrondis, susceptibles de pouvoir s'écarter et se rapprocher. Cette disposition permet à l'ascaride de se fixer à la muqueuse intestinale comme au moyen d'une ventouse ; aussi Raspail qui attribue toutes nos maladies aux entozoaires, appelle-t-il le parasite dont nous parlons, « *La sangsue de l'intestin.* »

La femelle est surtout remarquable par sa fécondité. M. Eschricht, dont les calculs sont très-dignes de foi, évalue la ponte de cet helminthe à plusieurs millions d'œufs.

CHAPITRE VI

Vous pensez maintenant, peut-être, cher lecteur, que l'ascaride et le ténia sont les seuls êtres organisés vivant à nos dépens dans l'intérieur de notre corps, et que nous sommes au bout de leur histoire.

Je ne demanderais pas mieux que de vous dire : *Vous avez raison*, mais je vous dois avant tout la vérité, et, dussé-je vous effrayer un peu, je m'empresse de vous la faire connaître.

Non-seulement le ver solitaire et l'ascaride ne sont pas les seuls habitants du tube digestif; mais encore tous nos organes ont leurs parasites spéciaux.

Je ne vous parlerai pas du *bothriocéphale*, qui ressemble beaucoup au ténia ; mais je vous dirai quelques mots de nos autres ennemis.

La partie inférieure du gros intestin, celle que les anatomistes appellent le *rectùm*, est souvent habitée par une multitude de vers presque microscopiques, ne dépassant pas deux centimètres de longueur, et présentant l'aspect d'un morceau de fil blanc noué à l'une de ses extrémités.

Ces vers se nomment les *oxyures vermicu-
laires* ; ils occasionnent des démangeaisons insupportables, et sont presque aussi féconds que
les ascarides.

M. Raspail a calculé que chaque individu
pondait environ 3,000 œufs ; et plusieurs médecins ont constaté qu'à la façon des parasites
lombricoïdes les oxyures émigraient aussi vers
l'estomac et le pharynx.

Si je voulais vous donner quelques détails sur
les autres entozoaires dont il me reste à vous
parler, un volume entier n'y suffirait pas ; aussi
me contenterai-je de vous les signaler rapidement.

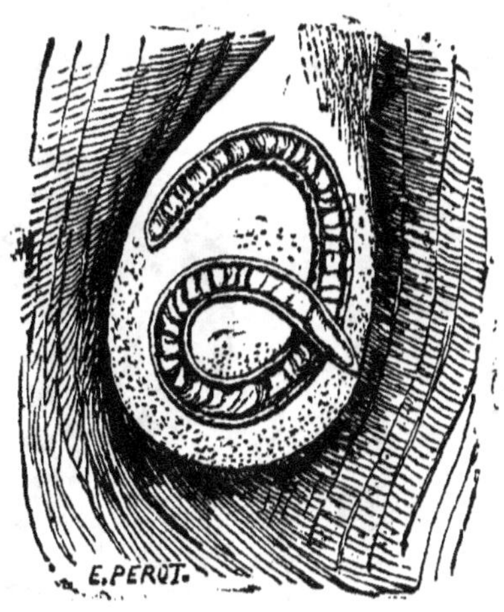

Fig. 18. — Trichine au milieu d'un muscle (très grossie).

Je vous rappellerai d'abord la trop fameuse
trichine, qui passe des muscles du porc dans

3.

les nôtres, et les perfore comme les vrillettes rongent un meuble abandonné.

Dans les reins on trouve parfois le *strongle* qui peut atteindre la grosseur d'une plume d'oie, et une longueur de 80 centimètres.

Fig. 19, 20. — Strongle commun et strongle géant.

Dans la vessie de deux Américains on a découvert le *spiroptère*, dont plusieurs espèces vivent dans le corps des oiseaux.

La *douve du foie*, semblable à une petite

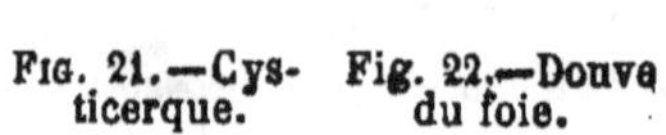
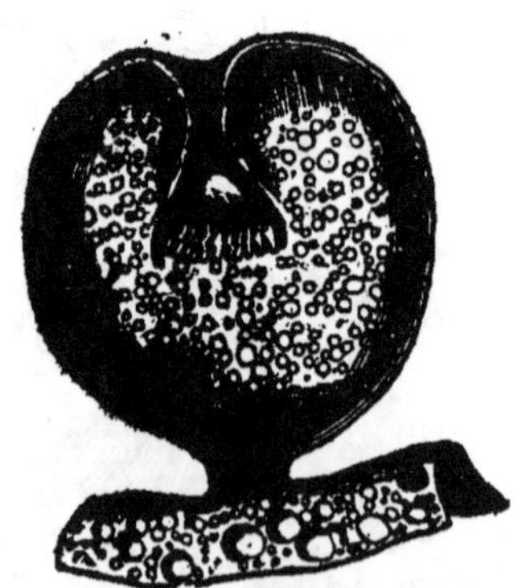

Fig. 21.—Cysticerque.   Fig. 22.—Douve du foie.   Fig. 23. — Échinocoque.

feuille, habite la vésicule du fiel, et s'y nourrit de la bile qu'elle renferme.

Les *cysticerques*, les *échinocoques*, les *acépha-locystes*, au corps globuleux, se rencontrent dans le cerveau, la rate, le foie, le poumon, le cœur, indistinctement. On en a même observé dans l'épaisseur des os

Un parasite des plus curieux, la *filaire de Médine*, très-commune dans l'Inde et au Sénégal, pénètre sous la peau, et se creuse

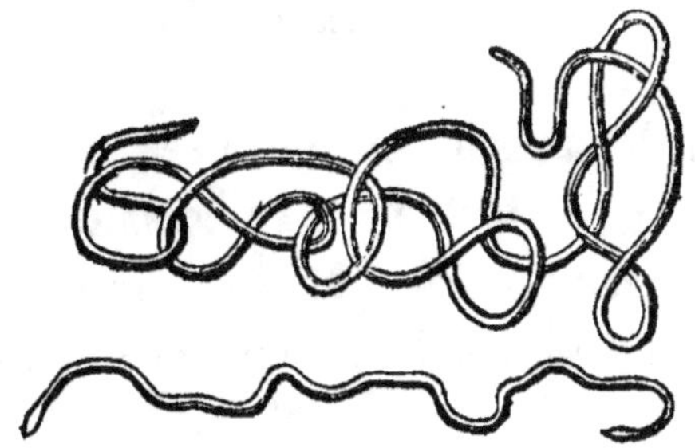

Fig. 24. — Filaire de Médine.

un chemin dans la graisse, pour aller se montrer quelquefois à une grande distance du point par lequel elle s'est introduite dans les tissus.

Quelques filaires plus délicates ne vivent que dans la glande lacrymale; il en est d'autres qui ne se plaisent que dans l'intérieur même du globe de l'œil, et une espèce un peu différente, la *festucaire*, choisit de préférence le *cristallin*.

Un autre animalcule invisible, le *Demodex des follicules*, habite les petites glandes qui couvrent les ailes du nez, et y vit au milieu de la snbstance grasse que l'on en peut faire sortir par la pression. Il est commun surtout chez les personnes à peau brune et huileuse.

FIG. 25. — Demodex des follicules, vu à un très-fort grossissement.

Enfin, le sang lui—même a ses parasites. Un entozoaire particulier, le *thécosome sanguicole*, habite la veine-porte, et sur 363 individus, le docteur Griesinger l'a rencontré **117** fois!

CHAPITRE VII

Nous venons de passer rapidement en revue l'effrayante légion des helminthes qui vivent dans nos organes, mais nous n'en avons point fini pour cela avec les hideux parasites qui nous trouvent de leur goût.

Après les horribles tribus des *vers*, dont vous connaissez maintenant les mœurs étranges, voici venir l'armée non moins formidable des *insectes* acharnés contre nous. Prenez votre loupe, et regardez courageusement, comme vous l'avez fait jusqu'ici, ces féroces troupes qui n'hésiteraient pas à dévorer le genre humain tout entier, si elles en avaient la permission. Voyez ces aiguillons, ces dagues, ces poignards, ces ciseaux, ces mandibules tournés contre nous!

Quelle perfection dans toutes ces armes; quel raffinement dans les moyens d'attaque et de destruction; quelle étonnante promptitude dans l'accroissement et la multiplication de ces troupes dévastatrices!

Vous savez quelle grande quantité d'œufs pond la *mouche carnassière*, et vous n'ignorez pas que ces larves grandissent en très peu de temps. Linné était stupéfait de la rapidité avec laquelle trois de ces mouches, aidées par leur dévorante progéniture, disséquaient le cadavre d'un cheval.

Ce sont là des ennemis qui seraient bientôt maîtres de nous, s'ils avaient pour la chair vivante le même appétit que pour les substances organiques en décomposition; heureusement l'homme propre et sain n'inspire à ces affamés de fumiers et d'ordures, que de la répulsion et du dégoût.

Ces insectes ne sont donc pas de véritables parasites comme les helminthes ou l'acarus de la gale. Ils ne nous attaquent qu'accidentellement et par exception.

Certains diptères qu'on nomme les *œstres*, vivent bien cependant en véritables parasites sous la peau de quelques animaux. Les bœufs, les chevaux et les moutons nourrissent souvent ainsi les larves des mouches qui les tourmentent; mais les cas de ce genre sont très—rares chez l'homme, quoique, à vrai dire, on en ait observé plusieurs.

Ce sont les mouches ordinaires, celles qui sont parfois si insupportables durant les chaleurs de l'été, qui dans certaines circonstances osent s'attaquer à nous. Je vous signale surtout, comme véritablement perfides, la grosse mouche carnassière, — la mouche bleue, — et la mouche dorée. Un savant médecin, M. J. Cloquet, a vu un homme dévoré par ces atroces animaux, et quoique cette observation soit vraiment horrible, je l'emprunte à M. Moquin-Tandon pour la placer sous vos yeux :

« Un chiffonnier d'environ cinquante ans fut trouvé endormi dans un fossé du boulevard, à Paris, près de Montfaucon, et porté à l'hôpital Saint-Louis. Il avait le cuir chevelu soulevé par des tumeurs arrondies avec des perforations irrégulières à travers lesquelles on voyait la chair devenue purulente et fétide. Une énorme quantité de *larves de mouches* se remuaient, grouillaient dans ces tumeurs. Quinze à vingt de ces vers s'échappaient de ses paupières singulièrement gonflées et rapprochées. Les cornées, devenues opaques, avaient été perforées, ainsi que la sclérotique. Les yeux paraissaient presque vides. D'autres larves sortaient par le nez et les oreilles. Ce malheureux reproduisait dans toute son horreur, la maladie de Job. Jamais, dit M. Cloquet, on n'avait vu un spectacle plus horrible et plus dégoûtant que cet infortuné dévoré tout vivant par des *larves de cadavre.* »

Mais, si ces affreux accidents sont fort heureusement très-rares dans nos climats, il n'en est pas de même dans tous les pays. A la

Guyane, le plus insalubre coin de terre du globe, vit une espèce de mouche cent fois plus cruelle encore que celles que nous connaissons. Sa spécialité est de s'attaquer à l'homme ; aussi les savants lui ont-ils donné le nom de *mouche hominivore*. Elle fait tous les ans un certain nombre de victimes ; et les cas semblables à celui que M. J. Cloquet a observé à Paris, ne sont pas rares à l'hôpital de Cayenne.

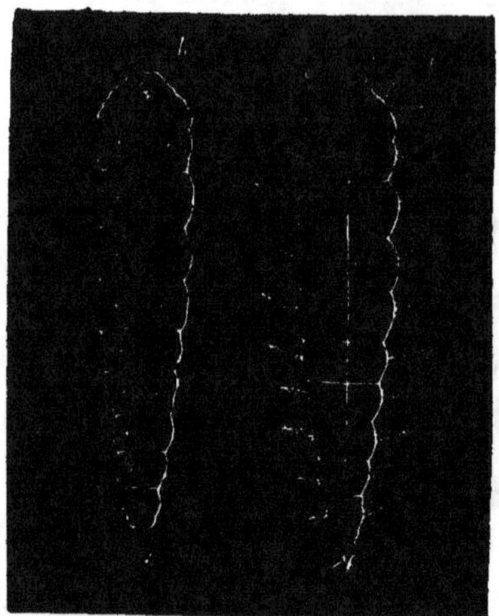

Fig. 26. — Larves de la mouche hominivore.

Les auteurs anciens ont parlé de plusieurs hommes célèbres qui furent condamnés à être dévorés par les mouches. C'était là un genre de supplice que les rois de Perse ont *l'honneur* d'avoir inventé. L'on sait que l'un d'eux, Arta- xerce, fit périr Mithridate de cette façon: en l'exposant dans une barque, en plein soleil, et le visage enduit de miel. Les mouches, — bourreaux sans le savoir, — mirent soixante-dix jours à dévorer cette proie qui leur était si royalement offerte.

TROISIÈME PARTIE

MICROPHYTES ET MICROZOAIRES.

—

•

CHAPITRE I

LES ATOMES MALFAISANTS.

Nous allons désormais, ami lecteur, entrer
dans un monde complétement étranger à nos
regards, et dont le microscope seul pourra nous
dévoiler les nombreux mystères.

Nous allons y trouver les plus humbles de nos
parasites, mais non pas les moins cruels.

Vous avez sans doute ouï parler maintes fois
des animalcules qui vivent dans la goutte d'eau,
dans la lie du vinaigre, dans la colle de pâte,
et généralement dans la plupart des *infusions*
de substances organiques. Vous savez que précisément à cause de cela, les savants les ont

nommés *infusoires*; et qu'ils sont si petits, qu'on en découvre des milliers dans une gouttelette à peine volumineuse comme une tête d'épingle.

Quelques espèces de ces infiniment petits, habitent en nous, et d'autres, quand elles pénètrent accidentellement dans notre corps, paraissent être la cause de plusieurs dangereuses maladies.

Au nombre des plus remarquables sont les *vibrions*, dont la forme rappelle celle d'une anguille; mais dont la taille ne dépasse jamais *treize millièmes* de millimètre.

Fig. 27. — Vibrions.

Les vibrions se meuvent très-rapidement, et décrivent des ondulations semblables à celles des reptiles. Ils vivent dans la salive et les mucosités de la bouche, en compagnie d'autres infusoires encore plus petits, nommés les *Virgulines*. Ceux-ci sont ainsi appelés à cause de leur ressemblance avec le signe de ponctuation que vous connaissez bien; et plus délicats que leurs voisins, ils habitent de préférence dans le *tartre des dents*.

Ce ne sont pas là les seuls animalcules qui nous fassent l'honneur de loger chez nous. Un savant médecin, M. Lemaire, a découvert tout récemment, qu'une multitude d'autres infusoires, entre autres les *Bactéries*, se plaisent beaucoup aussi à vivre à la surface de notre peau. Mais bien moins difficiles que les précédents, ces derniers savent se contenter de peu..... C'est dans les dépôts graisseux des glandes cutanées, surtout aux endroits où la transpiration est abondante, qu'on les rencontre principalement ; et l'on peut dire — sans métaphore — qu'ils se nourrissent de la sueur du peuple, comme les aristocrates d'autrefois....

Quelques Bactéries ont des prétentions plus élevées. Elles s'introduisent par la voie atmosphérique dans nos poumons, et paraissent déterminer un certain nombre de graves maladies. On a trouvé plusieurs fois ces infusoires dans la rate des animaux morts du typhus ; et il est probable qu'ils ne sont pas étrangers aux fièvres pestilentielles qui peuvent frapper les hommes.

Dans les déjections des cholériques et des malades atteints de fièvre typhoïde, on découvre au microscope des *Paramécies* et des *Cerco-monades*, animalcules dont le corps garni de longs cils se meut avec une grande agilité, et qui bien certainement sont pour quelque

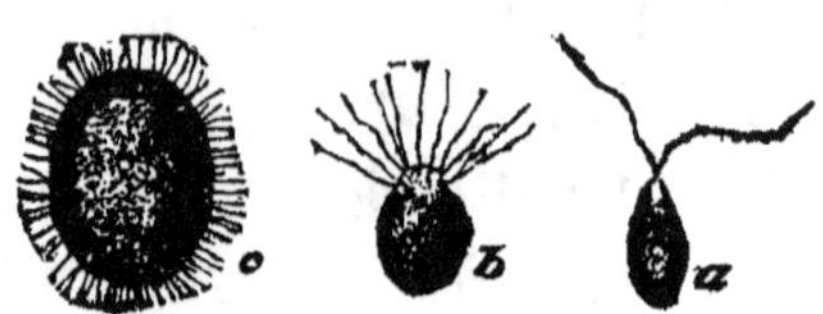

Fɪɢ. 28, 29, 30. — Cercomonades.

chose dans le développement de ces maladies.

Il y a quelques jours à peine, un autre médecin d'un grand mérite, M. Paulet, signalait
encore, en ces termes, de nouveaux méfaits
commis par ces vilains animalcules :

« Une petite épidémie de coqueluche s'étant
déclarée naguère dans la localité que j'habite,
me mit à même d'examiner les vapeurs expirées
par plusieurs enfants atteints de cette maladie
réputée contagieuse par la plupart des obser-
vateurs.

« Ces vapeurs présentent à l'examen microscopique un véritable monde de petits infusoires,
identiques dans tous les cas. Les plus nombreux,
qui sont aussi les plus ténus, peuvent être rap-
portés à l'espèce décrite sous le nom de *Bacterium termo*. D'autres, en plus petit nombre,
s'agitent çà et là sous le champ de l'instrument.
Ils ont une forme bacillaire, légèrement en
fuseau ; leur longueur est de 2 à 3 centièmes
de millimètres ; leur largeur d'à peine 1/2 centième de millimètre. C'est l'espèce que Müller
nommait *Monas punctum*, et que les microgra-

phes rangent habituellement parmi les Bactéries, *Bacterium bacillus*.

FIG. 31. — Bactéries.

« Ainsi la coqueluche, par les altérations de l'air expiré, rentre dans la classe des maladies infectieuses, parmi lesquelles j'ai déjà étudié, au même point de vue, la variole, la scarlatine et la fièvre typhoïde. C'est une vérité que la simple observation des faits avait déjà rendue évidente et qui reçoit des études microscopiques une consécration irrécusable. »

Je pourrais, à la rigueur, terminer ici l'histoire des atomes malfaisants, mais je regretterais de ne point vous parler des *Végétaux microscopiques* qui vivent également à l'intérieur où à la surface de notre corps. Nous ne sommes pas, en effet, livrés seulement aux microzoaires; notre peau est encore un terrain fertile sur lequel les microphytes peuvent se développer.

Vous avez entendu parler de *l'oïdium*, cet imperceptible champignon qui produit la maladie de la vigne?... Eh! bien, nous ne sommes pas plus à l'abri de ses atteintes que l'arbrisseau cher à Bacchus ; et les jeunes enfants sont très-souvent tourmentés par l'*oïdium blanchâtre* qui engendre la maladie nommée le *muguet*. Le champignon du muguet a la forme de filaments lâchement entrecroisés ; et il couvre ordinairement comme une pellicule blanche la langue, la face interne des joues et le palais des enfants chez lesquels il se développe.

Ce sont d'autres petites plantes qui produisent les différentes sortes de *teignes* et ravagent les cheveux. Elles présentent toutes à peu près le même aspect, celui de minces fils blancs, creux à l'intérieur, et plus ou moins renflés de distance en distance. Ces dilatations du végétal renferment de petits globules arrondis qui sont les *spores*, ou semences du microphyte. Les parasites de la teigne appartiennent aux genres *achorion*, *trichophyte* et *microspore*.

Le reste ne vaut pas l'honneur d'être nommé.

Cette rapide revue des atomes invisibles qui vivent à nos dépens nous servira de transition entre l'étude de nos parasites et celle des infiniment petits.

Donc, avant d'aller plus loin, jetons un regard en arrière, et revoyons d'un coup d'œil cette série d'êtres bizarres armés contre nous... Quelle variété d'ennemis depuis la puce irritante qui boit notre sang, jusqu'à l'infusoire invisible pour lequel sans doute nous sommes un univers !...

Que d'armes, que de métamorphoses, que de ruses, que de subterfuges, employés par cette légion de parasites affamés, pour venir à bout de se nourrir en nous dévorant !...

CHAPITRE II

Un jour, un savant dont le nom n'est pas assez connu, Leuvenhœk, songeant à tous les services que devait rendre le microscope, se promenait au bord d'une mare, et regardait d'un œil distrait le joli tapis vert que les lentilles d'eau formaient à sa surface.

Leuvenhœk était curieux; il était aussi observateur consciencieux et profond; mais ses yeux ne lui suffisaient plus. Il soupçonnait qu'au delà de ce que chacun peut voir, il y avait le monde de l'invisible; et plus ambitieux encore que Christophe Colomb, c'est ce monde là qu'il voulait découvrir.

Il le cherchait partout. Le microscope qu'il possédait, quoique bien inférieur à ceux que l'on fabrique de nos jours, lui avait déjà permis de voir des choses extrêmement curieuses; mais ce que le savant désirait, c'était l'atome impalpable; l'infiniment petit inconnu et vivant.

L'idée lui vint de le chercher dans cette mare croupissante, dont les eaux limoneuses et plombées servaient déjà d'asile aux tétards et aux salamandres. Justement Leuvenhœk avait dans sa poche un petit flacon ; il le plongea sous les lentilles d'eau, et tout heureux de son idée, il rentra chez lui joyeux et souriant comme s'il portait l'univers dans sa petite bouteille.

Le savant ne se trompait guère ; c'était bien un monde entier qu'il venait de conquérir.

Après avoir mis une goutte de cette eau bourbeuse sous l'objectif du microscope, Leuvenhœk approcha son œil de l'oculaire et regarda.

Son étonnement et sa joie furent tels, que durant vingt quatre heures, absorbé par le spectacle qu'il contemplait, le savant oublia de manger et de dormir.

Fig. 32. — Goutelette d'eau vue au microscope et montrant des Rotifères.

Il venait de pénétrer enfin au milieu de ce monde qu'il avait si longtemps cherché ; il avait découvert le fantastique pays des *infusoires*.

Depuis Leuvenhœk, un grand nombre de savants, grâce aux perfectionnements apportés à la construction du microscope, ont fait de nombreuses recherches sur les infiniment petits.

Ces êtres insensibles ne sont pas, comme on l'a cru longtemps, des animaux *inférieurs,* doués d'une organisation élémentaire, et se nourrissant par imbibition. Ils sont pourvus au contraire, presque tous, d'un tube digestif très-complet; et quelques-uns même, désignés sous le nom de *polygastriques,* ont à leur service plusieurs estomacs.

Quel est le gourmand qui ne voudrait pas jouir du même privilége ?...

Les infusoires ont aussi des muscles qu'envieraient assurément nos gymnastes et nos athlètes. Ils paraissent même avoir du *sang dans les veines ;* et quelques savants vont jusqu'à leur accorder un système nerveux aussi sensible que celui d'une petite maîtresse.

Mais ils sont surtout curieux à étudier lorsqu'ils se reproduisent. Cette importante fonction s'opère chez eux par *segmentation* ou par *explosion.*

Quand un infusoire veut se segmenter, il se rétrécit considérablement en un point de son corps, et se partage en deux moitiés qui, peu à peu, se séparent l'une de l'autre, et finissent par se quitter. C'est un moyen commode de se payer un camarade quand on s'ennuie tout seul. La reproduction par explosion est encore plus étrange. On voit l'infusoire gros et gonflé se distendre comme un ballon de caoutchouc dans lequel on soufflerait avec force ; tout à coup une petite éraillure se forme au point le plus faible, la peau éclate et se déchire, et par la plaie béante s'échappent de nombreux corpuscules qui se mettent aussitôt à nager dans toutes les directions.

Rien n'est plus varié que la forme et la grandeur de ces animalcules.

Fig. 33. — Monades.

Les *monades,* les plus humbles de tous, ont l'aspect d'un petit point blanchâtre, et l'on a calculé qu'il en faudrait *mille* rangés les uns à côté des autres pour faire une longueur d'un millimètre !

Les *protées* sont essentiellement changeants.

4.

Fig. 34, 35, 36, 37. — Protées de diverses formes.

Ils ont le caractère si bien fait qu'ils prennent toutes les formes et se plient à tous les besoins. De ronds ils deviennent carrés, losangiques, rectangulaires, polygonaux, triangulaires, ridicules, impossibles. Ils ressemblent à ces figures élastiques qu'en pressant avec les doigts on fait grimacer de trente-six façons.

Les *vibrions*, plus ou moins allongés, imitent des spirales, des fuseaux, des raves, des serpents. Une espèce très-drôle, le vibrion *olor*, n'est pas sans analogie avec une fiole à très-long goulot, et elle passe sa vie entière à s'étirer et à rentrer en elle-même.

Les *rotifères* sont ornés de cils qui leur servent de rames et de palettes pour nager. Leur taille, bien supérieure à celle des monades, permet de les observer à l'aide d'une simple loupe.

Les *vorticelles* méritent la palme de la bizarrerie : ce sont des infusoires-fleurs, ayant la

Fig. 38. — Vorticelles.

plupart la forme d'un verre à tige allongée, ou plutôt celle d'une tulipe. Ils se fixent par l'extrémité inférieure aux branches submergées, et ils ouvrent, au milieu des eaux, leur large bouche. Celle-ci est entourée d'une couronne de cils raides, et quand la vorticelle veut manger, elle se contente de remuer ces appendices filiformes. Ce mouvement détermine dans l'eau un tourbillon, dont la pointe aboutit à la bouche même de l'infusoire, et dont la spirale entraîne les monades et les autres animalcules de petite taille. Voilà, il faut en convenir, une aimable manière de se procurer un déjeuner.

CHAPITRE III

VINGT BRAS POUR UNE BOUCHE.

Le pays des infusoires est beaucoup plus riche en monstres qu'on ne pourrait le croire.

Il renferme des êtres tellement différents de ceux que nous voyons habituellement, que l'imagination la plus extravagante ne parviendrait point à se les représenter.

Au nombre des plus curieux est le *polype* d'eau

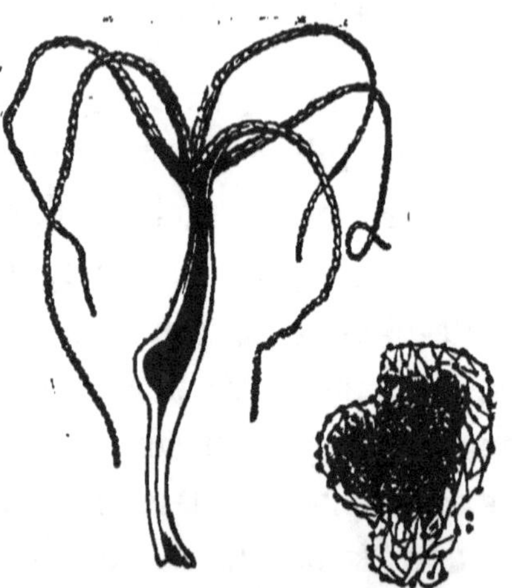

Fig. 39. — Hydre d'eau douce.

douce, que les naturalistes désignent aujourd'hui sous le nom d'*Hydre verte (Hydra viridis).*

Ce zoophyte est si mince et si transparent qu'il est impossible de le voir et par conséquent de le saisir au milieu de l'eau.

Mais avec un peu de ruse, nous parviendrons à nous emparer de cet invisible, et nous pourrons alors l'examiner à loisir, même avec une loupe faiblement grossissante.

Il est d'abord inutile de le chercher dans les mares dont la surface ne serait pas parfaitement tranquille, et voilée sous une couche de lentilles d'eau. — Mais, allez-vous dire, ce rideau de verdure ne sera qu'un obstacle de plus ; et jamais sous cette nappe épaisse nous ne saurons découvrir l'être filiforme que nous voulons observer...

Vous avez raison, d'autant plus que les polypes se fixent justement au dessous de ces lentilles flottantes ; et que leur corps membraneux se confond avec les minces racines de ces petits végétaux. Autant vaudrait chercher une aiguille dans un char de foin.

Mais voici ce que nous avons à faire. Prenons tout simplement un bocal en verre blanc, et plongeons-le hardiment dans la mare. L'eau et les lentilles vont s'y engouffrer ; et les polypes, détachés par la brusque secousse qu'ils auront à subir, abandonneront les radicelles parmi lesquelles ils se tiennent cachés. Enlevons notre vase plein d'eau, et, après l'avoir posé à terre, regardons à travers ses parois, ce qui se passe dans le petit monde qu'il contient.

Apercevez-vous au sein du liquide encore agité, ces corps cylindriques, minces comme la tige déliée d'un gramen, et dont une extrémité porte sept à huit filaments disposés comme les rayons d'une roue ?...

Ce sont les hydres. Les voici qui viennent se coller par leur pied au verre du bocal ; elles oublient leur frayeur, et déploient de tous côtés leurs bras presque imperceptibles...

Armez-vous d'une loupe ; vous distinguerez nettement leur bouche ; et vous verrez comment leur estomac digère.

Qu'un vermisseau passe à la portée de ces tentacules qu'il ne voit pas, soudain il est enlacé, entortillé, ficelé, englouti. Le ventre de l'hydre se dilate comme une poche de caoutchouc et se referme sur la proie, qui se remue longtemps encore avant de mourir.

Les bras de l'hydre sont forts et tranchants comme des fils de soie. Ils ne serrent pas, ils coupent ; ils ne saisissent pas, ils étreignent et paralysent.

Les ventouses de la *pieuvre* ne sont qu'une arme grossière à côté des lanières de l'hydre qui foudroient ce qu'elles touchent à la façon de la bouteille de Leyde ou de la bobine de

Rhumkorff. Mais si vous voulez connaître tout à fait l'étrange organisation de ce terrible animalcule, retournez-le comme un gant : il continuera de vivre. Coupez-le avec des ciseaux : chacun de ses morceaux deviendra un être complet. Pour le détruire, il faudrait, comme son fabuleux aïeul des marais de Lerne, l'anéantir d'un seul coup !

CHAPITRE IV

Vous venez, cher lecteur, de faire connaissance avec le monde surprenant découvert par Leuwenhœk dans une goutte d'eau bourbeuse ; je veux maintenant vous introduire au milieu des tribus non moins fantastiques qui peuplent la goutte d'eau salée.

Je n'invoquerai pour cela ni Belzébuth ni « la bonne fée appelée Urgande » ; je me contenterai de tremper le bout du doigt dans la mer et de le poser ensuite sur une petite lame de verre placée sous l'objectif du microscope...

Vous imaginez-vous bien tout ce qui vit, tout ce qui s'agite dans cette perle liquide empruntée à l'Océan, et dans laquelle vous voyez, comme dans un diamant, luire toutes les couleurs de l'arc-en-ciel ?...

Tenez, la voici qui s'étale sur la lame de verre ; empressez-vous, avant qu'elle ne s'évapore et ne s'envole dans l'atmosphère, de regarder la multitude d'êtres curieux qu'elle roule dans ses vagues microscopiques.

Voyez-vous cet atome animé, cette petite boule semée de points imperceptibles qui jettent

tour à tour des lueurs phosphorescentes ? Un
long cil, qui lui sert de rame et de nageoire, se
détache de sa surface et flotte dans le liquide ;
sa circonférence s'estompe et se confond dans
une auréole lumineuse.

Cet animalcule, *luciole* de la mer, est la *Noctiluque*, et c'est lui qui, dans les soirées ora-
geuses de l'été, fait scintiller de mille feux la

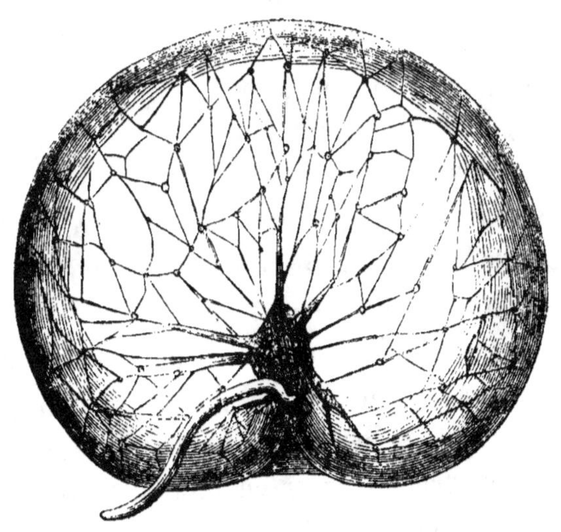

FIG. 40. — La Noctiluque.

crête des vagues. C'est à des myriades de noc-
tiluques que les flots doivent cette pâle *phospho-
rescence* qu'ont chantée tous les poètes et que
tous les naturalistes ont étudiée.

Mais ne nous contentons pas de la goutte
d'eau prise à la surface de la mer, pénétrons jusqu'au fond des vallées océaniennes et recueil-

ons quelques grains de cette poussière blanche qui couvre comme une neige les montagnes et les plaines sous-marines.

Nous n'avons d'ailleurs pas beaucoup de peine à prendre pour nous les procurer. Grâce à un ingénieux appareil, la *sonde de Brooke*, nous viendrons à bout de cette entreprise sans exécuter le formidable plongeon qui semble nécessaire, et sans même nous mouiller le bout des doigts.

La sonde de Brooke, jetée du haut d'un bateau, ira chercher pour nous, à quatre ou cinq mille mètres de profondeur, l'impalpable poussière que nous demandons, et nous serons stupéfaits quand le microscope nous révèlera sa composition mystérieuse.

Ah! vous auriez beau fatiguer votre pensée à concevoir les êtres les plus impossibles et les formes les plus extravagantes, jamais vous n'arriveriez à créer ce monde incompréhensible qui vit dans l'immensité des flots, et dont les cadavres tombent sans cesse, depuis l'origine du monde, sur le sol des océans !...

Ici toute description est inutile, il faut briser sa plume et se contenter de voir, d'admirer... C'est la combinaison de toutes les formes géométriques avec la chair vivante ; l'association inconcevable et sous des aspects infinis de la matière organique avec la substance

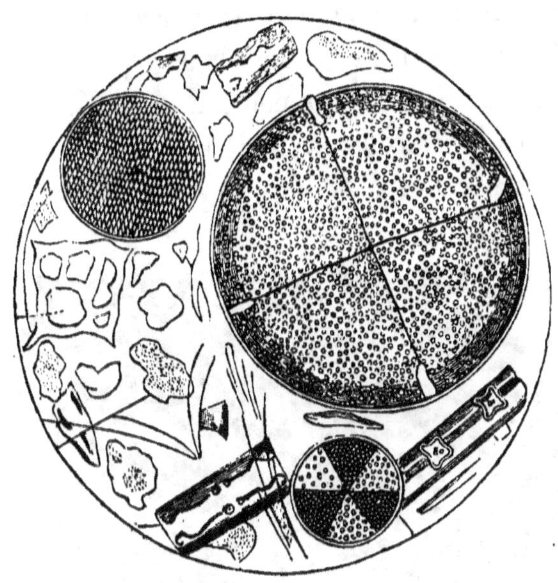

Fig. 41. — Foraminifères du fond de la mer.

animée. Vous découvrez une roue à côté d'un peigne, un fuseau à côté d'une arabesque, une spirale à côté d'un dé à coudre, un ruban enroulé sur lui-même à côté d'une petite balustrade, et tout cela se meut, se nourrit et se reproduit, tout cela possède une organisation plus parfaite peut-être que celle des animaux que nous appelons *supérieurs !*...

Ces infusoires diffèrent tellement des êtres même les plus curieux, que nous voyons habituellement, qu'ils ne nous semblent pas créés pour vivre sur notre planète. On me dirait qu'ils sont tombés de la lune que je le croirais facilement Outre l'invraisemblable variété de

leurs formes, ils sont encore percés d'une innombrable multitude de trous qui donnent
passage à des prolongements filiformes. A quoi
bon tous ces trous et tous ces tentacules ?...
Jusqu'à présent cela n'a servi qu'à faire don-

Fig. 35. — Foraminifères de la craie.

ner à ces infiniment petits le nom caractéristique de *foraminifères (foramen,* ouverture),
mais on peut dire hardiment que ce n'est pas
pour procurer aux naturalistes le plaisir d'inventer un nom nouveau que ces animalcules
ont été organisés de la sorte.

Ceux-ci, d'ailleurs, existaient avant l'appa-
rition de l'homme sur la terre. En étudiant au
microscope des éclats de silex, des sables, des

calcaires, des lits de craie d'une époque géologique antérieure à la nôtre, on a retrouvé des foraminifères fossiles en nombre immense et parfaitement conservés.

CHAPITRE V

Puisque nous sommes au fond de la mer, n'en sortons pas encore. L'océan est un monde peuplé non-seulement d'animaux gigantesques, mais encore d'êtres merveilleux que le microscope seul peut nous révéler.

Les infusoires et les foraminifères, qui tombent comme une neige nacrée, sur les montagnes sous-marines, ne sont pas les seuls animalcules qui puissent charmer nos regards. Tenez, voici sur ces rochers couverts d'algues et de coquillages, un arbuscule dont les rameaux pourprés supportent une multitude de fleurs blanches, qui tour à tour s'épanouissent et se ferment avec une étrange rapidité. On dirait un buisson d'aubépine au mois d'avril.

Approchez-vous et contemplez cet arbuste magique : que découvrez-vous!... Que l'arbre est de pierre, et que les fleurs sont des animaux!...

Vous êtes en présence du *corail*, et vous voyez ses fabricants à l'œuvre.

Ordinairement c'est l'arbre qui produit les fleurs; ici ce sont les fleurs qui bâtissent

Fig. 36. — Corail et son polype.

l'arbre. Ces animalcules étoilés, mous, géla-
tineux, plantes animées et laborieuses, construisent cet édifice pierreux, dont la dureté est
excessive.

Les animalcules du corail sont des Zoophytes
de la tribu des *Polypiers ;* et de l'ordre des
Alcyoniens. C'est au dépens des sels contenus
dans l'eau de la mer qu'ils élèvent leur arbre
de pourpre ; et c'est sur ses branches qu'ils
passent leur vie.

L'Alcyon digité est une des plus curieuses
espèces du genre. Grossièrement divisé en lo-
bes qui rappellent vaguement la disposition des
doigts de la main, il est chargé d'animacules

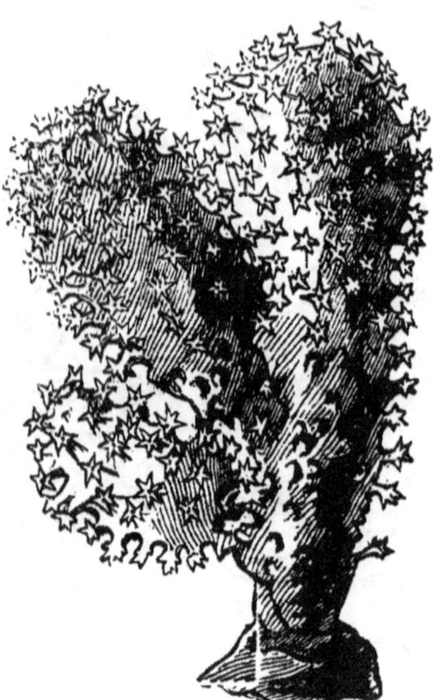

Fig. 44. — Alcyon digité.

transparents qui dans l'eau se déploient et s'é-
panouissent.

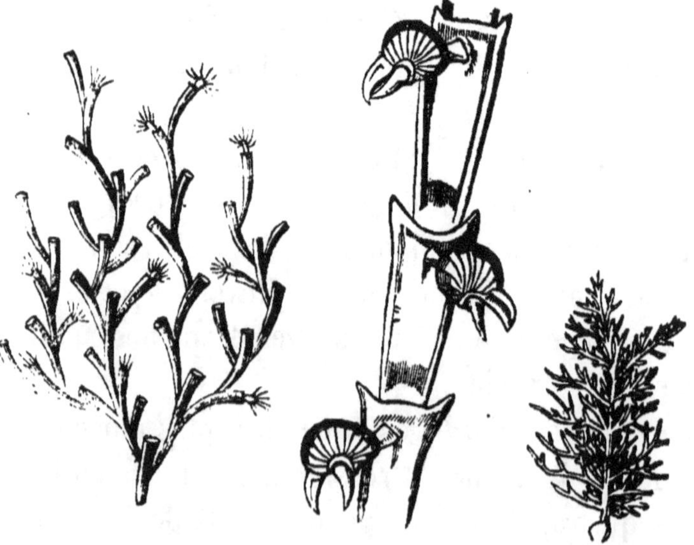

Fig. 45. — Cellulaire géniculée.

Fig. 46. — Cellulaire à tête d'oiseau et
rameau grossi.

Les *Cellulaires* se font remarquer par une extrême élégance. La superposition hardie des nombreuses branches de la *cellulaire géniculée* donne à cet arbrisseau un aspect tout-à-fait original ; mais une espèce voisine, la *cellulaire à tête d'oiseau*, l'emporte encore en bizarrerie. Aux cellules habitées par les polypes sont fixés de petits appendices parfaitement semblables à une tête d'oiseau. Mobiles sur un col mince et très-court, ces têtes ouvrent et ferment leur petit bec, et conservent le mouvement et la vie longtemps encore après que le polypier a été sorti de l'eau.

Si nous voulions étudier dans tous ses détails cette intéressante classe des Zoophytes, dont les mystérieux individus sont disséminés dans toutes les mers, nous serions forcés de lui consacrer au moins vingt chapitres encore ; mais les formes bizarres, l'organisation curieuse, et la beauté de ces animaux-plantes, excitent à un tel point déjà, l'admiration de celui qui les observe à l'œil nu, qu'il ne songe pas à les trouver plus merveilleux, en poursuivant leur étude à l'aide du microscope.

Et pourtant que de délicatesse, que de variété, que d'élégance, dans les moindres organes de ces infiniment petits perdus dans l'infiniment grand !..

Quels ravissants dessins, quels ornements

splendides, quelles riches décorations captivent le regard de l'anatomiste qui étudie les *Flustres,* les *Eschares,* les *Rétipores,* les *Holothurides,* les *Astéries,* les *Acalèphes,* et tant d'autres de ces êtres problématiques qui jouissent à la fois de la beauté de la fleur, de la vie de l'animal, et de l'invulnérabilité minérale.

Fig. 47. — Lepradia.

Sur les Algues, et les autres plantes submer—. gées, on observe souvent de petites concrétions pierreuses qui ne sont pas autre chose que des polypiers. On les nomme des *Lepralia.* Leurs microscopiques cellules, imbriquées comme les tuiles d'un toit, sont habitées par des animacules invisibles, qui vivent retirés comme des tortues sous ces élégantes carapaces.

Les cellules de la *Flustre foliacée* ont une disposition toute particulière. Adossées comme les alvéoles des gâteaux de miel, elles forment des ramifications plates et étalées, semblables à des raquettes ; mais logeant tout un peuple de zoophytes, dans leurs mailles innombrables.

Le dernier de ces êtres, celui que l'on peut

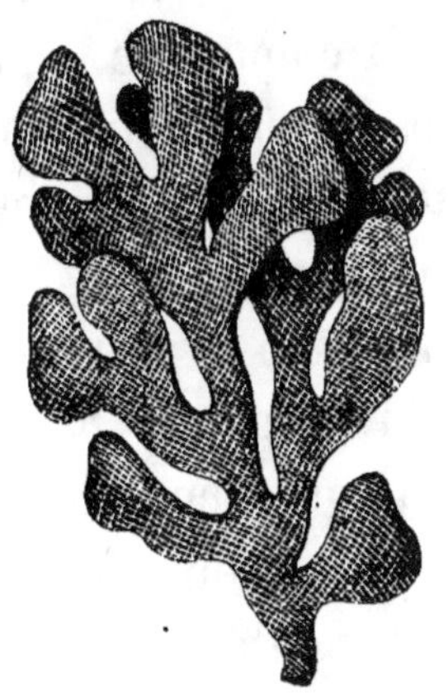

FIG. 48. — Flustre foliacée.

regarder comme l'aboutissant des trois règnes admis par les naturalistes, celui qui représente le chaos où les substances organiques et inorganiques sont brouillées ensemble, c'est l'*éponge*.

L'éponge est placée au carrefour d'où partent les trois immenses routes de la création. Elle est le nœud d'où se détache la triple branche de l'arbre naturel ; le centre du trépied que forment les corps bruts et les êtres vivants.

Les éléments minéraux abondent dans l'éponge comme dans tous les polypiers ; mais ils sont plus intimement liés ici aux éléments végétaux. Il résulte de ce mariage cette substance fibreuse plus ou moins rude que la civilisation utilise de tant de manières, et qui constitue ce qu'on nomme ordinairement l'*éponge*. La partie animale, détruite sur les éponges livrées au commerce, consiste en une couche gélatineuse, jouissant d'une vie rudimentaire, mais accomplissant toutes les fonctions spéciales aux animaux.

L'éponge est féconde et se reproduit par des œufs. Ceux—ci sont expulsés par les pores du polypier avec l'eau qui s'en échappe constamment, et dès qu'ils sont éclos, les jeunes cherchent pendant longtemps un endroit favorable avant de s'y fixer.

Ce phénomène tout à fait spécial à la vie animale a fermé à l'éponge la porte de la famille des algues, dans laquelle plusieurs savants voulaient la faire entrer.

QUATRIÈME PARTIE

L'ARCHITECTURE MICROSCOPIQUE.

—

CHAPITRE I

MATÉRIAUX INORGANIQUES : — LES CRISTAUX.

Pour avoir une idée exacte d'une ville, il ne suffit pas d'observer seulement ses habitants, mais encore ses divers édifices.

Dans le monde invisible, pas plus qu'ailleurs, l'architecture n'est à dédaigner; et, si nous voulons nous donner la peine de l'étudier un moment, notre œil, armé d'un verre grossissant, découvrira de toutes parts de féeriques palais, bàtis avec des matériaux microscopiques.

Les moëllons, dans ce monde privilégié, sont ce que nous appelons des cristaux, c'est-à-dire des corps d'une régularité géométrique et présentant une multitude de facettes, comme le diamant quand il est taillé.

Fig. 49, 50, 51, 52, 53, 54, 55, 56, 57, 58, 59, 60, 61, 62. — Fleurs de la neige.

Jetons d'abord nos yeux sur les merveilleux travaux que l'eau seule peut former en se solidifiant, et regardons dans tous leurs détails quelques étoiles de neige.

Que d'art et que de variété dans leur structure ! Nous en examinerons une centaine avant d'en rencontrer deux qui soient exactement semblables. La plupart sont des étoiles à six rayons ; mais que de différence entre les rayons de l'une et de l'autre. Prenez toutes les formes géométriques connues, groupez-les et combinez-les de toutes les façons, mettez votre imagination à la torture pour inventer des dispositions et des arrangements innombrables, vous ne parviendrez jamais.à égaler la prodigieuse diversité des cristallisations naturelles.

Regardez maintenant le centre de l'étoile, le

Fig. 64, 65, 66, 67, 68, 69, 70. — Cristaux de la glace.

point imperceptible sur lequel se fixent les rayons, vous allez voir à peu près partout une sorte d'écusson à six angles, un *hexaèdre*, qui semble être à l'étoile ce qu'est le moyeu à une roue. Mais quelle délicatesse dans l'ornementation de ce cristal hexaédrique sur lequel viennent s'implanter les six branches rayonnantes!... Que de variété encore dans les capricieuses figures qui le bordent ou qui marquent son milieu!...

Tout cela cependant n'est qu'une goutte d'eau solidifiée par le froid ; et il suffit d'un rayon de soleil ou de la tiédeur de l'haleine pour faire évanouir toute cette merveilleuse architecture!...

Mais si vous êtes curieux de pousser plus loin vos investigations, faites évaporer à l'air une dissolution de sel marin, et, l'œil sur le microscope, regardez ce qui se passe :

Vous allez assister à la construction des monuments les plus excentriques que l'on puisse rêver. Vous allez voir naître et se développer des édifices inimaginables.

Voici des cubes qui se superposent, s'enchevêtrent, se dressent et s'appuient, au mépris de toutes les lois de l'équilibre, pour former un château fantastique, avec ses tours et ses créneaux.

Ne cherchez pas les petits maçons qui tra-

Fig. 71. — Trémie ou sel marin.

vaillent avec tant d'empressement et d'habileté à cette audacieuse construction, vous perdriez votre temps. Les moëllons cubiques se groupent, s'entassent et s'élèvent comme par enchantement. Une fée invisible semble présider à ces magiques travaux, et l'on croirait voir sortir de terre cette mystérieuse tour,

.... Bâtie en trois nuits, au dire de nos pères,
Par un ermite saint, qui remuait les pierres
Avec le signe de la croix !

Les matériaux viennent se placer d'eux-mêmes à l'endroit qu'ils doivent occuper, obéissant à une attraction secrète, à une force cachée que l'on nomme l'*affinité*.

Ce que vous voyez se produire par l'évaporation de l'eau salée, se manifeste toutes les fois qu'un liquide contenant un sel en dissolution se volatilise et abandonne la substance solide. Faites fondre dans l'eau, l'alcool, l'éther, un corps cristallisable, tel que le sucre, les sels de potasse, de soude, de magnésie, de fer, de cuivre, etc., vous verrez se dérouler devant vous, au moment de l'évaporation du liquide, toutes les merveilles achitecturales du monde des infiniment petits.

De même que nous reconnaissons dans notre architecture des styles variés, suivant le goût de chaque époque, vous remarquerez aussi, dans les édifices invisibles, des cristallisations très différentes, suivant la nature des substances tenues en dissolution.

Au lieu du style grec, du roman, du gothique, du mauresque, etc., vous découvrirez avec étonnement les cristallisations en *cubes*, en *prismes*, en *aiguilles*, en *octaëdres*, en *rhomboëdres*, etc.; et, malgré leur petitesse, vous les admirerez peut-être autant que les mosaïques de l'Alhambra, les rosaces de Notre-Dame, ou la flèche de la Sainte-Chapelle.

Vous n'aurez pas besoin d'avoir recours à l'évaporation des liquides pour contempler toutes ces beautés, si vous avez à votre disposition une pile voltaïque. En faisant passer un courant électrique à travers une dissolution d'un sel de plomb ou d'argent, vous serez témoin d'un des plus curieux phénomènes que puisse présenter la physique. Les cristaux se formeront avec une promptitude extrême au sein même du liquide. Vous les verrez s'attacher les uns aux autres, s'attirer, s'appeler, pour ainsi dire, et se grouper en touffes arborescentes, simulant des végétaux de l'aspect le plus pittoresque. C'est ce que les anciens chimistes appelaient *arbres de Saturne* et *de Diane*.

Si vous voulez maintenant connaître l'importance de ces microscopiques édifices, regardez à la loupe un morceau de granit. Vous reconnaîtrez, sans peine, qu'il est formé par une infinité de petits cristaux serrés et pétris les uns avec les autres. Vous distinguerez à côté des blancs rhomboëdres du *quartz* hyalin, les prismes du *feldspath* et les paillettes étincelantes du *mica*; et vous songerez que le granit constitue, au moins en très grande partie, la coque solide du globe que nous habitons!...

CHAPITRE II

Vous connaissez maintenant la structure des minéraux : Leurs éléments, d'une extrême petitesse, sont groupés comme ceux d'une *mosaïque* construite par un habile artiste, et sans colle ni vernis, ils adhèrent les uns aux autres, maintenus par une force spéciale nommée la *cohésion*. Cette structure, d'une perfection achevée, excite l'admiration de l'observateur, et défie toute concurrence humaine.

Aussi, ce procédé d'architecture, à la fois si simple et si merveilleux, se retrouve-t-il partout dans l'œuvre de la Création, dans l'organisation des êtres vivants aussi bien que dans la structure des corps inorganiques.

Seulement, au lieu d'être composés de petits cristaux, les êtres vivants sont formés de matériaux élémentaires qui n'ont pas une forme toujours bien déterminée. Loin d'être solides, ils sont mous, et se prêtent à toutes les exigences de l'organisation.

Ces nouveaux éléments sont toutefois aussi microscopiques que les précédents, et se nomment des *cellules*. Ils ont en outre des pro—

priétés fort remarquables, que ne possèdent
pas les cristaux, c'est-à-dire qu'ils peuvent se
diviser, se fractionner d'eux-mêmes, et, par
conséquent, engendrer d'autres éléments qui
leur ressemblent.

La structure *cellulaire* caractérise essentiellement l'être organisé, comme la structure *cris-
talline* caractérise le minéral dans sa plus
grande perfection.

Mais avant de vous décrire les principales
merveilles de l'architecture organique, il est
nécessaire que je vous dise un mot des matériaux élémentaires qui sont la base de tous les
édifices dont j'ai à vous parler.

Les cellules, dans toute leur simplicité, se
composent d'une petite vésicule transparente,
contenant une substance qui peut être liquide,
molle, solide et même gazeuze. Ordinairement,
cette substance elle-même est transparente ; et
si elle est liquide, la cellule n'apparaît au microscope que comme une petite boule, que je
ne saurais mieux vous représenter que par la
lettre majuscule O.

Encore faut-il pour cela qu'à l'endroit où
elle se trouve, cette cellule ait toutes ses aises
et ne soit point gênée par des cellules voisines ; autrement molle comme elle l'est, vous
comprenez bien qu'elle n'aura pu garder sa
forme arrondie. Elle sera aplatie sur tous les

points où ses voisines auront pesé sur elle, et sera devenue, de cellule sphérique qu'elle était, *cellule polygonale*. Ce mot, qui veut dire *beau-*

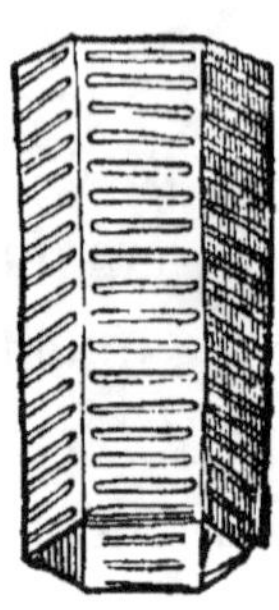

FIG. 72. — Cellule polygonale.

coup d'angles, peint bien, sans doute, l'idée que vous vous faites de cette cellule comprimée. Dans tous les corps mous ou fluides, tels que la graisse, le lait, la levure de bière, vous pourrez voir des cellules arrondies, parce que, dans ces milieux—là, elles ne sont point pressées les unes contre les autres ; mais dans le bois, dans les os, par exemple, vous ne découvrirez que des cellules présentant les formes les plus variées.

J'ai dit que la paroi des cellules était ordinairement transparente ; elle est aussi presque toujours lisse et unie ; mais quelquefois elle présente cependant des *ponctuations*, des *granulations*, des *lignes* qui semblent être les débris d'une enveloppe intérieure. Il n'est pas rare de voir ces lignes se contourner en spi-

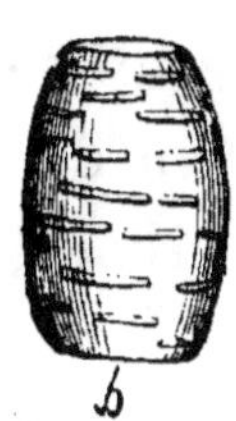

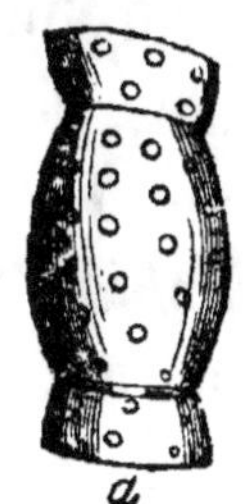

Fig. 73. — Cellule striée.   Fig. 74. — Cellule ponctuée.

rales. Elles sont presque toujours dues alors à la présence dans la cellule d'un mince ruban disposé en tire-bouchon, et servant à soutenir les parois de la vésicule.

Les substances contenues dans les cavités cellulaires sont très-différentes. Ce sont des huiles essentielles, de l'eau, des sucs particuliers, des liquides colorants, des grains de fécule,

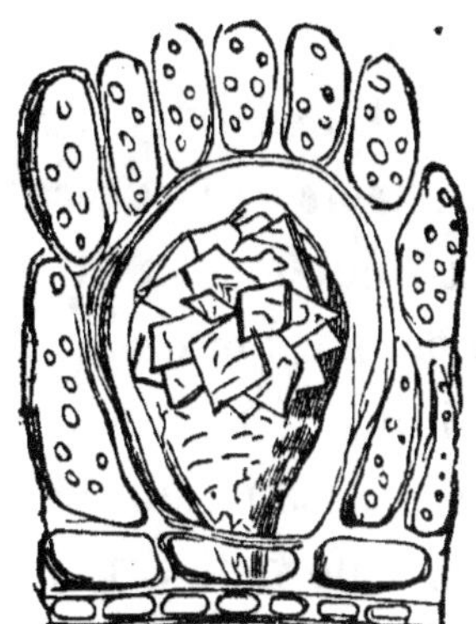

Fig. 75. — Raphides.

etc. Les gaz que l'on y rencontre le plus fréquemment sont l'acide carbonique, l'oxygène et l'azote ; on voit quelquefois aussi, dans les cellules végétales, de petits cristaux groupés d'une façon bizarre. Les botanistes leur ont donné le nom de *raphides*. Ce sont ordinairement des sels de chaux et de potasse.

Mais ce que les cellules contiennent de plus remarquable, c'est un petit noyau qui, bien souvent, renferme, à son tour, un noyau plus petit, nommé *nucléole*. Les micrographes modernes attachent une grande importance à ces organes, dont les formes variables servent à distinguer les cellules entre elles.

Quand celles-ci doivent se fragmenter, pour donner naissance à d'autres cellules, on voit toujours la division commencer par le nucléole et le noyau, pour s'étendre en rayonnant jusqu'aux parois de la vésicule elle-même.

La classe des cellules est très-nombreuse. On reconnaît les cellules ordinaires, des cellules *fibreuses*, *filamenteuses*, *vasculaires*, etc., chez les végétaux seulement ; et leur nombre est encore plus considérable dans l'organisation animale. Nous allons voir comment tous ces corps élémentaires s'assemblent et se groupent pour constituer les différents organes des végétaux et des animaux. Après avoir étudié les matériaux de l'édifice, nous admirerons son architecture.

CHAPITRE III

Les cristaux représentant assez exactement les matériaux dont sont formées les substances minérales, l'architecture des corps simples doit être elle-même d'une grande simplicité.

Un fragment de soufre ou de plomb cristallisé n'est autre chose, en effet, qu'un assemblage, qu'un groupement de cristaux de même forme, maintenus au lieu de ciment ou de mortier par la cohésion.

Mais cette simplicité disparaît, lorsque le corps est un composé de plusieurs substances différentes ; et l'étude de l'architecture extrêmement compliquée qui résulte de ces combinaisons minérales comprend toute une science d'une importance considérable, la *cristallographie*.

Sans nous aventurer dans cette étude, que le minéralogiste lui-même n'aborde qu'avec le plus grand effroi, et sans nous jeter dans le domaine de la chimie, nous ne parlerons que des édifices minéraux les plus importants, de ceux qui, malgré leur petit nombre, suffisent à constituer en grande partie l'écorce terrestre.

Ces *roches*, comme les appellent les géologues, ont une composition très—différente, suivant qu'elles sont dues à l'action du feu ou à celle de l'eau ; mais leurs éléments ne sont jamais très-nombreux.

Ce sont pourtant ces éléments infiniment petits, ces cristaux microscopiques dont ces masses énormes sont faites, qui déterminent l'aspect de la roche, et la forme qu'elle revêt, lorsqu'elle est soumise aux vicissitudes atmosphériques.

De la structure intime, dépend la configuration, le *facies* extérieur.

L'air, la pluie, la gelée, sont les ouvriers qui taillent et désagrégent les roches des montagnes ; mais ils sont les esclaves de l'architecture et de la composition élémentaire de l'édifice minéral ; et ils sont forcés de se soumettre aux lois qui résultent de cette sorte d'organisation.

Il leur est impossible de dégrader un bloc de marbre sur le modèle d'un bloc de granit ; de tailler une table schisteuse d'après une assise calcaire ; l'élément invisible dérange toujours le travail de ces forces colossales.

Un voyageur curieux et observateur, peut aisément s'assurer de ces vérités-là.

Dans un grand nombre de nos départements, les *schistes* constituent des masses rocheuses lamellées, se brisant facilement et s'écaillant

par larges plaques. Les buttes qu'ils forment
sont en général basses, arrondies, sèches et
arides.

Les *granits,* sous l'influence de l'air et de la
pluie, se désagrégent lentement de la circonférence vers le centre. Les rochers qu'ils forment sont lisses, sans anfractuosités profondes,
globuleux, et ne se délitent que par minimes parcelles, qui forment à leur base un sable fin, d'un
blanc rosé ou grisâtre et mélangé d'une infinité
de paillettes de mica, d'un éclat argenté.

Dans les contrées volcaniques, en Auvergne,
par exemple, les rochers ont souvent des proportions gigantesques.

Les *trachytes* se dressent en masses imposan-
tes, largement taillées, d'un gris blanchâtre,
très-peu caverneuses et coupées, au contraire,
en vastes pans unis et à pic.

Cependant, quand la roche n'est pas très-
pure, qu'elle est mêlée de cendre et qu'elle
forme ce qu'on nomme du *conglomérat,* la pluie
dissout et entraîne les parties friables, et le
rocher se trouve alors tout hérissé de tuber-
cules, de bosses, de mamelons rugueux et
irréguliers.

Les *basaltes* sont les plus remarquables de
tous les rochers. Ils se divisent naturellement
en larges colonnes prismatiques, dont la disposition rappelle assez exactement celle des tuyaux

d'orgue, ou bien en gros blocs arrondis et superposés figurant d'énormes fromages empilés
les uns sur les autres. Ils forment quelquefois
dans les régions volcaniques des plateaux d'une
immense étendue.

Les *calcaires* doivent aux différents degrés
de friabilité des couches qui les composent leur
apparence extérieure. Ils sont taillés en gra-
dins, en escaliers, en créneaux plus ou moins
espacés. Les bancs de pierres, plus durs que les
autres, sont proéminents ; les bancs argileux ou
marneux se désagrégent, s'éboulent et ne font
jamais saillie.

Les roches calcaires sont celles que l'air et la
pluie dégradent le plus facilement ; ce sont les
plus riches en grottes ornées de *stalactites*,
autres édifices minéraux d'une élégance extrême ; aussi, les touristes et les géologues trou-
vent-ils dans les montagnes des pays calcaires,
un grand nombre de sites pittoresques et de
curiosités.

CHAPITRE IV

Considérée dans ses éléments, l'architecture de tous les animaux est partout à peu près la même. Les fibres musculaires de la grenouille présentent la plus grande analogie, avec celles des muscles de l'homme ; les éléments nerveux du cerveau du chien ne diffèrent pas essentiellement de ceux qui composent la substance cérébrale du pigeon ou du lézard. La forme des organes, au contraire, est très-variable suivant les espèces ; et, considérés dans leur ensemble, les divers animaux ont entre eux des différences encore plus frappantes.

N'en est-il pas de même pour les édifices bâtis par la main de l'homme ?... Les pierres et les matériaux qui servent à leur construction sont les mêmes dans tous les pays et à toutes les époques ; et pourtant quelles grandes différences n'existent-elles pas entre les divers monuments élevés par les générations qui ont précédé la nôtre !...

Ainsi, chez tous les vertébrés, les *os* présenteront à peu près la même structure. En examinant au microscope de minces lamelles de substance osseuse, nous y remarquerons de petites cavités cellulaires tassées et pressées les unes contre les autres et drainées en tout sens par d'innombrables canalicules remplis par les vaisseaux nourriciers du tissu osseux.

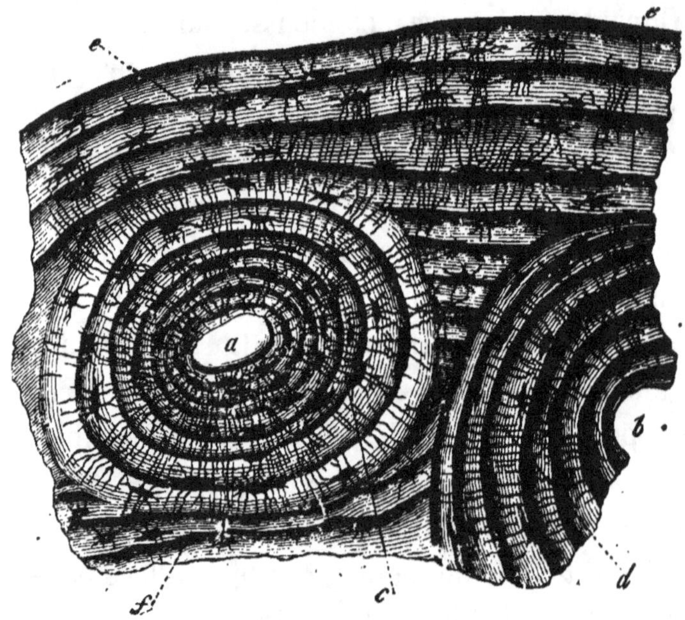

FIG. 76. — Coupe d'un os.

a, *b*, *c*, *d*, *e*, *f*. Cellules et vaisseaux composant l'os.

Les *cartilages* nacrés qui revètent comme un enduit protecteur les surfaces articulaires des os, afin de les préserver de l'usure qu'amènerait un frottement continuel, sont constitués dans toute la série animale par des cellules plus ou moins irrégulières et plongées pour ainsi dire au milieu d'une substance *amorphe*, d'autant moins abondante que les cellules sont plus nombreuses.

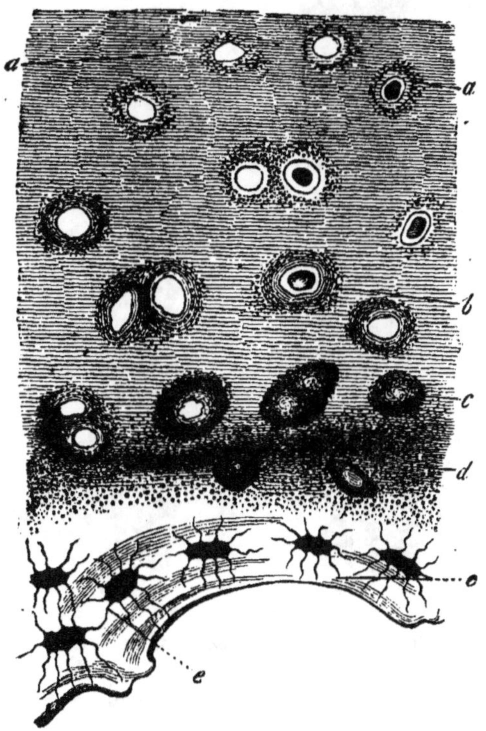

Fig. 77. — Coupe d'un cartilage.

a, *b*, *c*, *d*. Cellules cartilagineuses ; *e*. Cellules de la fusion entre
l'os et le cartilage.

Les *ligaments* et les *tissus fibreux* se composent de faisceaux de fibres entrecroisées, formant
comme une sorte de toile résistante et serrée,
qui soutient les parties molles et empêche le
déplacement trop considérable des surfaces destinées à glisser l'une sur l'autre.

Les *muscles*, ces moteurs de l'économie, ont
dans toute la série animale, la même propriété
essentielle ; ils peuvent *se contracter*. Les élé-

Fig. 78 et 79. — Fibres musculaires

ments qui les constituent sont encore des *fibres*, qui, vues à un grossissement considérable, sont marquées de lignes transversales parallèlement alignées les unes au-dessus des autres. Le système musculaire a un développement énorme chez la plupart des animaux. C'est lui qui forme la *chair*, et celle-ci, comme on sait, comprend à peu près les trois quarts de la masse entière du corps.

Le cœur lui-même, l'organe le plus important peut-être de la machine humaine, est un muscle qui travaille à la distribution du sang dans toutes les parties de l'économie.

Les autres organes creux, tels que les *vaisseaux artériels* et *veineux*, le *tube digestif*, la *vessie*, etc., ont entre eux, au point de vue de leur structure, plus d'une ressemblance. Ils sont formés de plusieurs membranes superposées, parmi lesquelles on retrouve toujours une enveloppe extérieure ordinairement *fibreuse* et résistante ; une tunique moyenne, *musculeuse* ou *élastique;* une membrane intérieure, *muqueuse* ou *séreuse*, qui tapisse l'organe, plutôt qu'elle ne sert à sa solidité. Dans les *vésicules pulmonaires*, on ne retrouve que la membrane fibreuse et la muqueuse, réduites à leur plus simple expression.

Les *nerfs*, dont la structure a longtemps été ignorée des anatomistes, sont formés par de longs tubes d'une extrême ténuité, mais qui pourtant sont encore assez complexes. Ces tubes, en effet, sont remplis d'une sorte de moelle graisseuse, et au milieu de cette moelle est placé un *axe* aussi long que le tube lui-même. Cette disposition ressemble tout à fait à celle que l'on donne aux fils télégraphiques, lorsqu'on les fait passer sous terre ou à travers un tunnel humide. L'enveloppe dans laquelle on les place en pareil cas représente le tube nerveux ; la gutta-percha dont on les entoure peut être comparée à la moelle graisseuse, et le fil métallique lui-même figure très-exactement *l'axe* nerveux. Dans le *cerveau*, la *moelle épinière* et les gros ganglions du *grand*

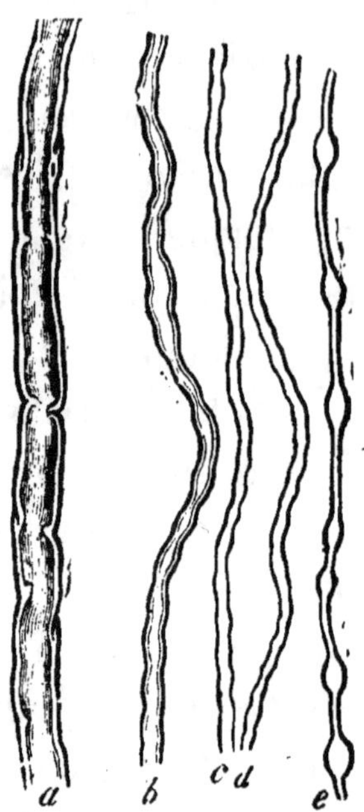

Fig. 81. — Tubes nerveux.

sympathique, les éléments constitutifs encore peu étudiés, sont de grosses cellules munies de prolongements tubuleux, qui leur donnent l'apparence d'étoiles irrégulières ou de moyeux de roues munis de leurs rayons.

C'est dans la composition des diverses glandes annexées à l'appareil digestif que se trouvent les plus grandes différences d'organisation. Chacune ayant sa spécialité a aussi sa structure propre.

Les *glandes salivaires* sont tout à fait semblables à des grappes de raisin. Chaque grain

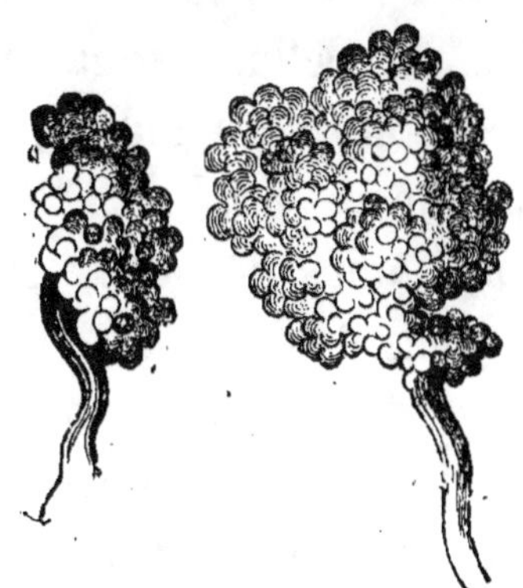

FIG. 81. — Glandes salivaires.

est une vésicule communiquant avec un petit tube, et tous les conduits débouchent dans un canal principal qui verse dans la bouche le liquide fourni par tous les éléments glandulaires. La glande *pancréatique* a la même disposition.

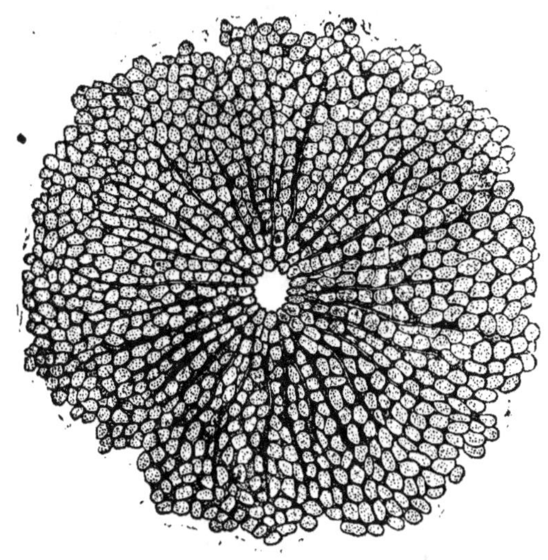

FIG. 82. — Structure du foie.

Dans le *foie*, les cellules sont fortement pressées les unes contre les autres, ce qui explique la densité de cet organe. Elles versent leur produit, la *bile*, dans de petits canaux qui se jettent aussi dans des troncs plus volumineux.

La structure des *reins* est un peu différente. Au lieu de cellules, nous trouvons ici de petits tubes disposés en groupes coniques, contournés et repliés d'un côté pour former ce qu'on nomme la *substance corticale* du rein, et débouchant de l'autre dans un réservoir commun appelé le *calice*. On trouve dans chaque rein une vingtaine de calices, s'ouvrant dans un entonnoir ou *bassinet*, qui, par l'intermédiaire d'un long tube, l'*uretère*, verse l'urine dans la vessie.

Chez tous les animaux des classes les plus élevées, la peau présente à peu près la même structure. C'est un tissu souple et résistant, dont les matériaux élémentaires sont des fibres entre-croisées, englobant çà et là dans leurs mailles des cellules graisseuses.

Rarement nue, la peau est presque toujours couverte de poils, et renferme deux sortes de glandes : les *follicules sébacés* et les *glandes de la sueur*.

Les poils sont plantés dans des enfoncements semblables aux follicules. Leur racine est disposée en une sorte de bulbe, qui reçoit des

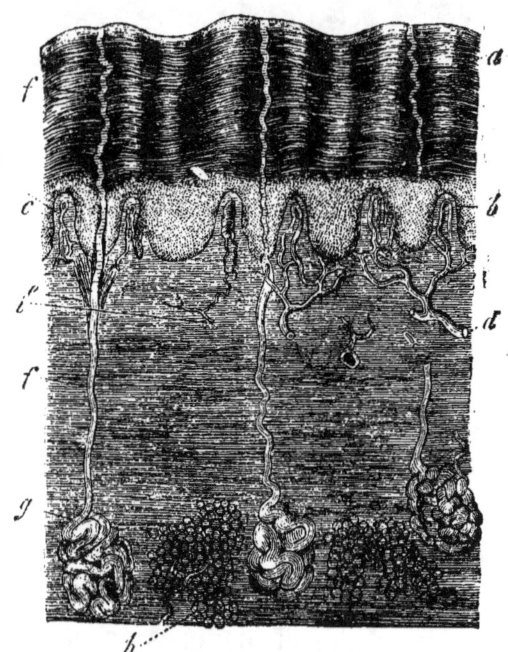

FIG. 83.— Coupe de la peau.

a. Épiderme. *b.* Pigment ou substance colorante. *c.* Nerfs des
papilles. *d.* Vaisseaux sanguins. *e, f, g.* Glandes de la sueur.
h. Tissu cellulaire.

vaisseaux nourriciers, et leur tige est creuse
dans toute sa longueur.

Une moelle donnant au poil sa coloration
remplit ce canal central, et des fibres longitudi-
nales constituent la substance pileuse elle-même.
La disposition de ces fibres varie un peu,
suivant les diverses espèces animales, et chez
quelques-unes les poils semblent être formés
par une série de cornets emboîtés les uns dans
les autres.

Les plumes des oiseaux, construites d'après

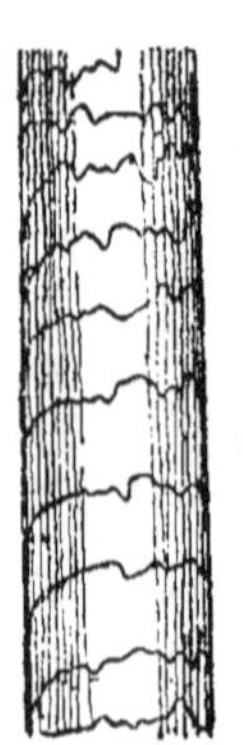

Fig. 84
Cheveu humain.

Fig. 85.
Poil de chat.

Fig. 86.
Poil de souris.

Fig. 87.
Poil de
chauve-sou-
ris des Indes.

les mêmes principes et avec les mêmes éléments, ne sont que des poils de très grandes
dimensions, ramifiés et disposés en palettes, de
façon à ce qu'ils puissent frapper l'air comme
les avirons frappent les eaux.

Les écailles des poissons elles-mêmes, ne
sont aussi que des poils modifiés, et appropriés
au genre de vie des animaux qu'ils revêtent.

Les *follicules sébacés* sont destinés à sécréter une huile ou une graisse spéciale qui se
répand sur la peau et entretient sa souplesse.
Ils ont l'aspect d'un mince tube dans lequel
s'ouvrent deux ou trois glandules en grappes.

Les *glandes de la sueur* ont une structure
plus remarquable. Elles consistent en un long
tube pelotonné à sa partie inférieure et débouchant à la surface de la peau, après avoir

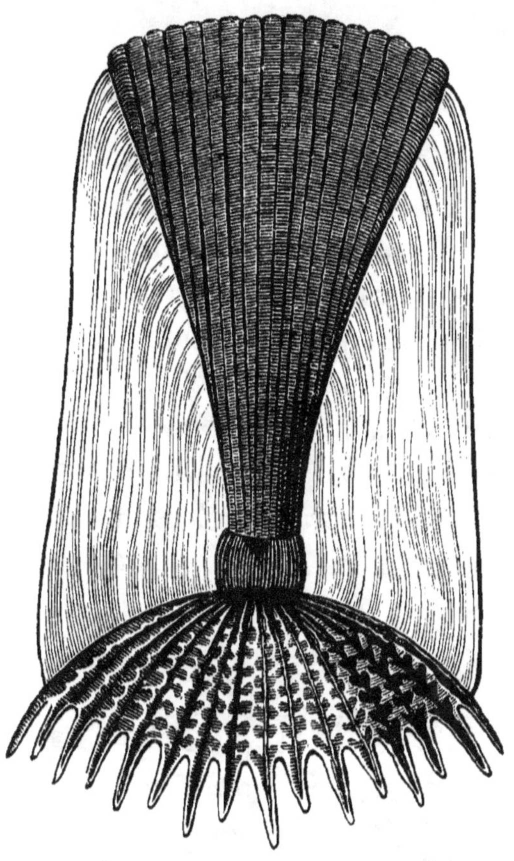

Fig. 88. — Écaille de sole considérablement grossie.

décrit quelques flexuosités dans leur trajet à travers l'épiderme.

Telle est, en résumé, l'architecture des principaux organes de l'économie animale.

Partout la *cellule* arrondie, polygonale, ou fibreuse est l'élément, la base de l'organisation, et elle ne se modifie qu'avec la nature du travail qu'elle doit accomplir.

CHAPITRE V

Chez les végétaux se retrouvent toutes les lois qui président à l'architecture organique des animaux ; mais ici les fonctions sont moins nombreuses et moins compliquées.

Les *racines* sont, la plupart, constituées par des faisceaux de fibres accolées ; et si parfois on trouve sur elles des renflements charnus,

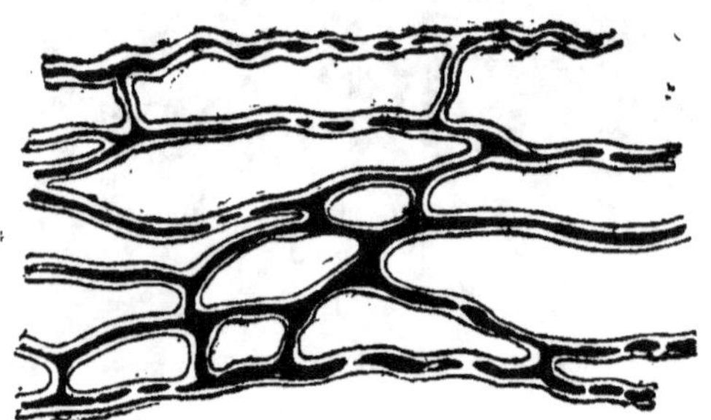

Fig. 89. — Vaisseaux laticifères.

ceux-ci se composent, en général, de cellules polygonales très simples et remplies de fécule ou d'amidon. Dans l'organisation des *tiges* et des *écorces*, le tissu fibreux est encore prédominant ; les vsaisseaux *laticifères* qui, chez quelques plantes telle que la *chélidoine*, l'*euphorbe*, la *laitue vireuse*, contiennent un suc spécial, sont aussi très élémentaires ; enfin rien n'est plus primitif que ces tubes nommés *trachées,* dont un fil roulé en spirale soutient les parois.

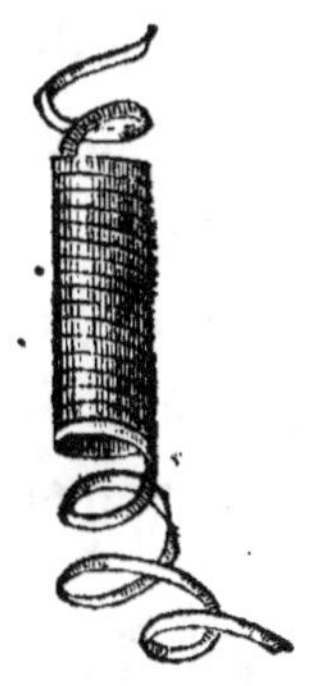

F ig. 90. — Trachée.

Le tissu cellulaire polygonal plus ou moins serré, abonde dans les *feuilles* et les *moelles* végétales ; on le retrouve encore dans la structure des *calices,* des *corolles,* dans celle enfin de tous les organes membraneux. Des cellules étroites constituent presque toujours les *étamines* et les *pistils.*

Les plantes, aussi bien que les animaux, sont pourvues d'appareils glandulaires. La plupart des odeurs et des parfums végétaux sont dus à des essences spéciales qui se volatilisent. On trouve souvent au sommet des tiges herbacées et sur quelques feuilles, des poils glanduleux fournissant des liquides d'une viscosité remarquable, et une plante qui n'est pas rare dans nos climats, le *rossolis,* porte autour de ses feuilles de longs appendices poilus au sommet desquels brille constamment une gouttelette argentée d'une limpidité parfaite.

Enfin, dans l'intérieur même des corolles, il n'est pas rare de voir de petits organes de forme variée, nommés *nectaires*, qui produisent le liquide sucré dont les poètes ont fait le *nectar*. Les insectes en sont très friands, et les enfants aiment beaucoup à sucer les fleurs de certaines plantes chez lesquelles ces organes sont très développés.

Nous connaissons suffisamment, à présent, la structure intime des animaux et des végétaux et le rôle immense que joue la cellule, l'élément infiniment petit, dans leur organisation. Mais cet infiniment petit n'est pour nous encore qu'un être inerte et sans vie, n'accomplissant aucune fonction, aucun mouvement.

Il nous reste à le voir à l'œuvre, et à étudier les gigantesques travaux que, malgré son humble taille et sa faiblesse, le Créateur lui fait exécuter chez tous les êtres vivants.

CHAPITRE VI

Les hommes ont presque toujours, sans le savoir, copié dans leurs ouvrages les admirables travaux de la création. Une sorte d'instinct les pousse à cette imitation servile. La plupart de nos instruments et de nos outils se retrouvent dans les organes d'un grand nombre d'animaux.

L'Argonaute savait se servir de la voile bien longtemps avant le matelot ; la tenthrède employait la scie ; l'abeille la pompe, le poulpe la ventouse, la torpille la pile électrique, plusieurs siècles avant que l'homme songeât à fabriquer ces précieux instruments.

Il en a été de même en architecture. Nous venons d'étudier la *cellule*, l'élément de toutes les organisations, la pierre qui sert à bâtir les êtres vivants, comme le cristal élémentaire sert à former le minéral.

Eh bien ! de même qu'à la naissance de l'architecture, une seule pierre plantée en terre était un monument ; de même aussi, une seule cellule peut suffire à constituer un être complet.

Les menhirs et les dolmens druidiques, les obélisques égyptiens, les autels monolithiques des pays barbares ont autant de signification qu'un temple ou qu'une basilique, et les êtres composés d'une simple cellule sont aussi vivants que ceux dont l'organisation est beaucoup plus compliquée.

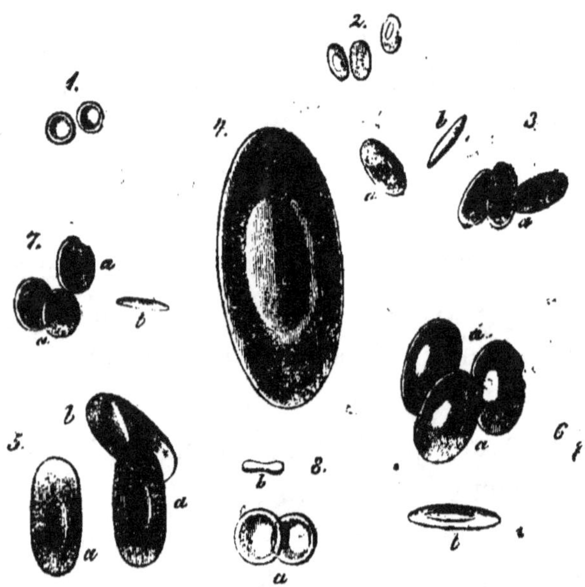

FIG. 91. — Globules du sang.

1. Globules du sang de l'homme. 2, 3. *Id*. des oiseaux. 4, 5, 6, 7, 8. *Id*. des reptiles et poissons.

Le *globule du sang* qui circule dans nos vaisseaux est un élément anatomique des plus rudimentaires; et cependant le rôle qu'il doit jouer est d'une importance considérable. Son existence, d'ailleurs, est aussi nettement tran—

chée que celle de l'être le mieux organisé. Il naît des éléments du chyle puisés dans l'intestin, et après un voyage plus ou moins long à travers tous les organes de l'économie, il s'ajoute à l'édifice pour le fortifier, ou pour réparer ses pertes incessantes.

La plupart des animalcules infusoires dont nous avons déjà parlé ne sont eux-mêmes souvent constitués que par une cellule unique, et cependant ils se meuvent, se nourrissent et se reproduisent aussi bien que les animaux supérieurs.

Fig. 92. — Cellules vibratiles.

Les cellules *vibratiles* que l'on trouve dans un certain nombre d'organes ou de liquides de l'économie ont tant de ressemblance avec les infusoires, qu'on a longtemps confondu plusieurs d'entr'elles avec les animalcules microscopiques. Elles ne consistent pourtant qu'en une seule cellule, portant un ou plusieurs cils agités d'un mouvement continuel.

7.

On trouve pareillement chez les végétaux des individus *unicellulaires*, aussi parfaits dans leur simplicité, que le cèdre dans sa grandeur majestueuse. La plupart de ces espèces élémentaires appartiennent à la famille des *champignons* et des *algues* ; et parmi ces dernières, les plus intéressantes au point de vue qui nous occupe sont celles du genre *protococcus*. Ces végétaux, presque invisibles, sont souvent colorés en rouge. Dans les Alpes, le *protococcus nivalis* donne parfois à la neige une teinte pourprée ; et l'on dit que les eaux de la mer Rouge doivent leur coloration caractéristique à un végétal du même genre.

Passons maintenant à des organisations un peu plus compliquées ; nous pourrons les comparer encore à des monuments moins élémentaires de l'architecture : le pilier, la colonne, l'arc, le portique, etc.

Il existe, en effet, des animaux, dans la classe des zoophytes, par exemple, qui ne sont formés que par l'agglomération d'un très-petit nombre de cellules ; et chez les végétaux, la plupart des cryptogames inférieurs sont dans ce cas. Le végétal microscopique des fermentations, celui que l'on trouve dans la levûre de cidre, se compose seulement de sept à huit cellules placées bout à bout et donnant à cette plantule l'apparence d'un chapelet. Il en est de même des

Fig. 93. — Cryptocoque de la levûre de cidre.

algues chevelues qui forment, dans nos eaux douces, ces paquets verdâtres et filamenteux

Fig. 94. — Aspergille de la colle de farine.

que les naturalistes désignent sous le nom de *conferves*.

Vus au microscope, chacun de ces minces fils végétaux parait constitué par des cellules carrées ajoutées les unes aux autres, et super-posées comme les pierres formant les diverses assises d'une colonne ou d'un pilier.

Nous étudierons tout à l'heure les organi-sations animales et végétales dans leur complet développement.

CHAPITRE VII

L'ŒUVRE DE L'INFINIMENT PETIT.

Tous les travaux, tous les phénomènes qui
s'accomplissent chez les êtres vivants sont
produits par les éléments infiniment petits qui
composent leurs organes.

Un *foie*, par exemple, n'est pas une machine
toute simple qui fabrique de la bile aux dépens
du sang, comme un cuisinier fait une sauce avec
du beurre ou du bouillon ; c'est, au contraire,
une masse dont chaque élément travaille séparément et presque indépendamment de son voisin,
et, malgré sa taille microscopique, fait sa part
de besogne.

Il serait impossible d'évaluer le nombre de
ces éléments constitutifs du foie, de ces invisibles cellules dont chacune est une ouvrière, et
si l'on voulait essayer de donner une idée de
leur multitude, c'est par milliards dans chaque
centimètre cube de la substance du foie qu'il
faudrait les compter !...

Ce qui est vrai pour cet organe est également
vrai pour tous les autres.

Quand vous portez un morceau de pain
à la bouche, vous vous contentez de plier

l'avant—bras sur le bras : et vous pensez peut-être que dans ce phénomène, en apparence si simple, toute l'action, tout le mouvement se passent entre ces deux portions du membre supérieur, le bras et l'avant-bras ?...

Mais réfléchissez un moment, et songez à ce groupe de muscles, formant toute la masse charnue qui s'étend de l'épaule au coude. Pensez à ce robuste *biceps* dont la grosseur est l'indice de la force, et qui fait une saillie si marquée au milieu du bras des hommes vigoureux.

Dans ce mouvement de flexion de l'avant-bras sur le bras, c'est lui qui travaille, ce pauvre biceps, c'est même à peu près sur lui seul que retombe toute la besogne.

Mais qu'est—ce que le biceps en définitive ? ce n'est pas autre chose qu'un assemblage de *fibres musculaires* presque aussi serrées, aussi innombrables que les éléments du foie, et dont chacune se contracte, se roidit, fait effort pour aider sa voisine. Or, quand on est plusieurs milliards à tirer à la fois, fût-on d'une petitesse à désespérer les micrographes les plus clair-voyants, on finit bien par produire une traction suffisante pour enlever un objet d'une certaine pesanteur. Le tout est de s'entendre et de ne pas tirer étourdiment.

Or les fibres de nos muscles, loin de ne pas

s'entendre, tirent toutes avec une harmonie admirable. Il faut dire aussi qu'elles obéissent à un maître qui les domine, et qui leur donne le signal d'agir à toutes simultanément. Ce maître, vous l'avez nommé, c'est le *nerf*.

Eh bien ! vous voyez qu'il n'est déjà plus aussi simple que vous pouviez le croire, ce phénomène de la préhension des aliments.

Des milliards de fibres occupées à tirer dans un sens ; autant d'autres, dont il n'a pas été question, occupées à tirer en sens contraire ; le nerf commandant à cette multitude ; le cerveau, — dans lequel des myriades d'autres ouvriers fabriquent le fluide nerveux, — donnant à ce nerf la force et le pouvoir d'agir sur les fibres musculaires..... c'est un travail si incommensurable, qu'il effraie l'imagination ; et pourtant, l'harmonie qui existe entre toutes les molécules vivantes le rend d'une simplicité extrême.

Je viens de vous donner une idée de la *peine* que prend, pour nous faire vivre, l'infiniment petit ; mais je ne vous ai rien dit encore de la variété des travaux qu'il accomplit. Il ne se contente pas de *sécréter*, de *fabriquer*, comme dans le foie, le cerveau, les reins, et toutes les glandes dont nous avons parlé précédemment ; il ne se borne pas à se *contracter* comme dans le muscle ; il remplit encore bien d'autres fonctions.

Dans l'intestin, il constitue de petits brins charnus ayant l'aspect du velours, et nommés *villosités* ; à l'extrémité des racines des plantes il s'arrange en suçoirs appelés *spongioles*. Sous ces deux formes, l'infiniment petit *puise*, absorbe, boit. Globule du sang, il *voyage* ; il est transporté dans tous les tissus, et ne se fixe qu'aux endroits qu'il doit fortifier ou réparer.

Grain de fécule, il est *aliment* et sert à la nutrition de l'être qui le mange. Cil vibratile, qu'il fasse partie d'une cellule constituant une muqueuse ou flottant dans un liquide, il se *meut* et se remue constamment, ne s'arrêtant quelquefois que longtemps après la mort de l'individu. Sous la forme de pollen, de spore ou d'animalcule, il sert au mystérieux phénomène de la fécondation. Infusoire, il remplit les rôles les plus grandioses et les plus formidables. Il engendre des épidémies, il fait périr des millions d'êtres organisés, il maintient l'équilibre des océans ; il sert à bâtir des continents nouveaux !

CHAPITRE VIII

LAIDEURS CACHÉES.

Depuis que nous parlons des merveilles invisibles, vous vous demandez peut-être, cher lecteur, pourquoi nos yeux n'ont pas naturellement la force de pénétration que leur donne le microscope, et pourquoi il est indispensable de recourir à cet instrument pour voir le monde infiniment petit?...

Causons donc un peu de cela, voulez-vous?

Si nos yeux avaient la puissance du microscope, nous admirerions certainement la plupart des phénomènes et des organisations du monde invisible ; nous serions étonnés des splendeurs végétales et minérales qui s'offriraient à nos regards ; mais, en revanche, quel ne serait pas notre effroi, quand nous considérerions la faiblesse de nos tissus, la frêle architecture de nos organes!... En voyant les globules de notre sang circuler dans les ruisseaux capillaires qui courent sous notre peau, nous redouterions à chaque instant de voir ces innombrables canaux s'engorger, se fermer, se dilater outre mesure ; nous croirions surprendre dans leur germe une multitude de maladies ; nous serions tourmentés et saisis peut-être d'une frayeur mortelle, au moindre bobo qui nous ferait souffrir.

Oserions-nous seulement respirer ?... Je ne le pense pas. L'air ne nous semblerait qu'un nuage de poussière au milieu duquel nous serions constamment plongés, et dans cette poussière nous découvririons d'horribles monstres que nous ne pourrions jamais nous résoudre à avaler.

Boirions-nous avec moins de répugnance ?.. Ce n'est pas probable, surtout si nous n'avions à notre disposition que l'eau qu'on boit à Paris. C'est là que nous verrions grouiller un monde fantastique ! infusoires de toutes formes, végétaux extravagants, microphytes et microzoaires, aussi variés que hideux, tout cela nous enlèverait bien vite le charme que nous trouvons à satisfaire notre soif...

Voyons si nous prendrions nos aliments avec plus de plaisir ?... Heuh !... que me montrez-vous là ?... Du pain !... cela ressemble à un pan de mur en ruines, à un amas de pierres et de plâtras. Voici un morceau de pomme de terre ; ne dirait-on pas un tas de graviers ou de cailloux ? Nous savons pourtant que ces parcelles arrondies ne sont autre chose que des grains de fécule ; mais elles ne sont pas plus appétissantes pour cela. Et la viande ?... La chair la plus savoureuse et la plus fine n'a-t-elle pas une frappante analogie avec un paquet de cordes ou de ficelles ?... Décidément il vaut mieux, convenez-en, ami lecteur, ne pas voir beaucoup trop au delà de son nez.

Et je ne parle pas encore de l'aspect que présenterait à notre vue le plus gracieux, le plus joli visage!... Vénus elle-même serait horrible, considérée par des rétines élevées à la six centième puissance... Des ravines et des crevasses profondes sillonneraient son épiderme rosé ; des lézardes et des rides tortueuses donneraient à son front de satin l'apparence d'une contrée bouleversée par des tremblements de terre ; sa chevelure soyeuse serait une forêt de broussailles ; ses fins sourcils, une haie impénétrable ; les globes nacrés de ses yeux deux énormes boules humides, marbrées de rouge et de bleu.. Son nez aurait une grande ressemblance avec une chaîne de montagnes ; ses narines, vastes cavernes ténébreuses, conduiraient dans un gouffre sans fond : sa bouche ne pourrait être comparée qu'à un cratère volcanique, vomissant au lieu de fumée une vapeur chargée d'une foule de débris et de détritus organiques.

Voilà quels désagréments nous procurerait une vue trop pénétrante ; donc, nos yeux sont bien, comme ils sont. D'ailleurs, en découvrant le microscope nous avons très-ingénieusement remédié à leur imperfection relative. Si nous tenons absolument à connaître dans ses détails intimes tout ce que nous mangeons et nous buvons, nous le soumettons simplement à l'objectif de l'appareil grossissant et nous savons à quoi nous en tenir.

La justice ne se sert pas d'un autre procédé pour vérifier la pureté des denrées alimentaires. Grâce au microscope, elle reconnaît promptement les fraudes, et découvre les falsifications. Dans le chocolat de qualité inférieure, elle voit,

<table>
<tr><td>Fig. 95. — Chocolat pur.</td><td>Fig. 96. — Chocolat falsifié.</td></tr>
<tr><td>a. Peau de la fève.
b. Fragment du germe.
c.   Id.   du tissu cellulaire.
d. Grains de fécule.</td><td>a. Fragments de fève du cacao-
   tier.
b. Fécule de pommes de terre.</td></tr>
</table>

à côté de quelques rares parcelles de cacao, d'innombrables grains de fécule fournis par la pomme de terre ; dans le café « à 15 centimes la demi-tasse, *gloria* compris, » elle constate

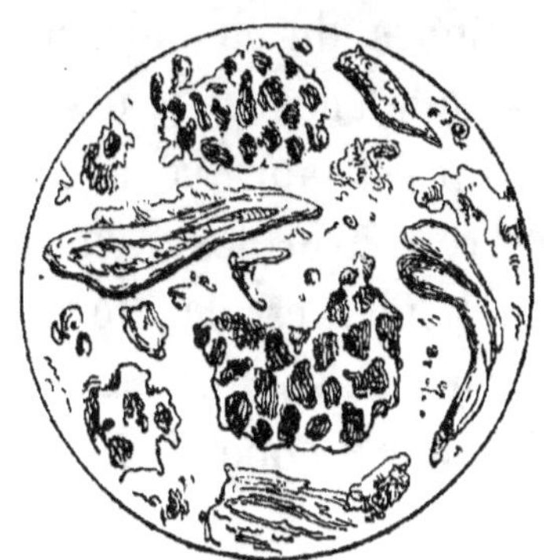

FIG. 97. — Café pur.

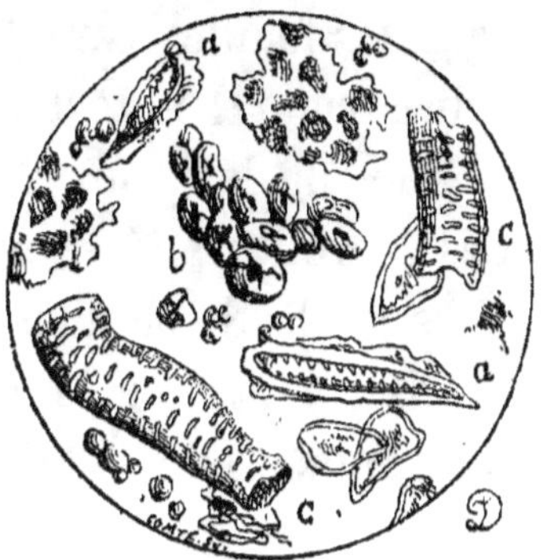

FIG. 98. — Café falsifié.

a. Fragments de fève du caféier.
b. Grains de fécule du gland de
chêne. *c*. Fragments de chicorée.

la présence de la chicorée, du pois sec et du
gland de chêne, tandis que la graine du caféier
n'y brille que par son absence... Dans certaines

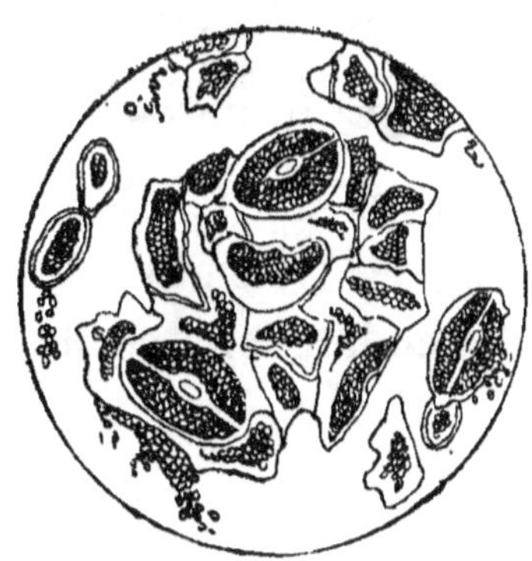

FIG. 99. — Thé pur.

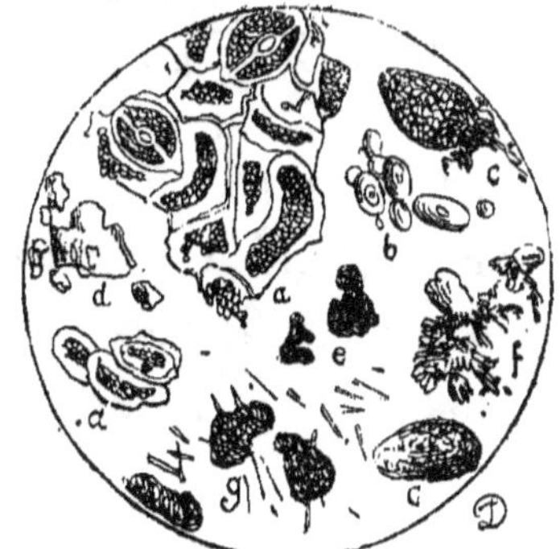

FIG. 100 — Thé falsifié.

a. Fragment de feuille de thé. *b*. Fécule de froment. *c*. Cellules de
curcuma. *d* Grains de sable.
e. Indigo. *f*. Riz. *g*. Cachou.

variétés de thés plus ou moins chinois, elle
trouve toutes sortes de choses. de la résine
de cachou, des fécules, des fibres végétales etc.,

sauf des feuilles caractéristiques du bienfaisant
arbrisseau. Il lui est très-facile encore de distinguer du lait pur celui qui est fabriqué avec
des cervelles pilées, et de retrouver les nym-
phes de la Seine dans les bouteilles de Bor-
deaux ; toutes ces recherches-là sont des joujoux pour elle. Mais le microscope devient

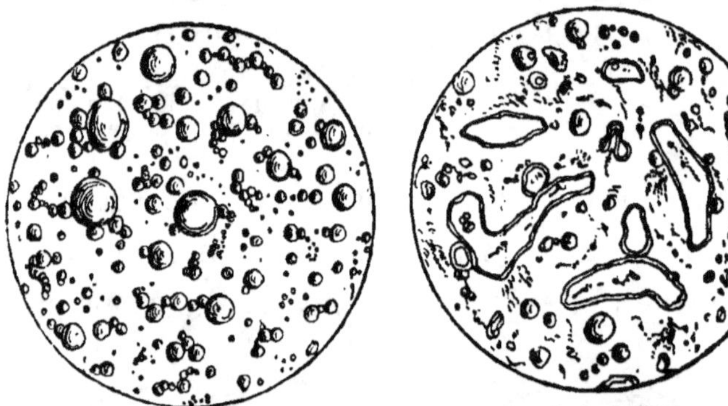

Fig. 101. — Lait pur.

Fig. 102. — Lait falsifié avec de
la cervelle de veau.

parfois entre ses mains un vengeur terrible ;
c'est quand il retrouve sur les vêtements du
meurtrier l'imperceptible souillure faite par le
sang de la victime !...

CINQUIÈME PARTIE

L'ORGANISATION DES INSECTES.

—

CHAPITRE I

LES ARMES OFFENSIVES ET DÉFENSIVES.

Sortons un peu du monde des infiniment petits, et parcourons maintenant ses frontières. Nous allons rencontrer des peuples puissants et redoutables, des nations industrieuses, des tribus aguerries ; et nous pourrons admirer à loisir leurs armes, leurs outils, les nombreux instruments dont ils se servent suivant les divers besoins de leur existence.

Entrons dans le vaste domaine des *Articulés*. Son étendue est presque illimitée ; sa place dans la nature est immense : par les plus humbles des êtres qui lui appartiennent, il touche au cœur du monde invisible ; par les plus importants, il s'élève presque au niveau des animaux supérieurs. L'acarus imperceptible occupe le dernier degré de cette longue série, à la tête de laquelle figurent les coléoptères énormes de la zone torride, et les grands crustacés qui peuplent nos mers.

Mais entre ces deux extrêmes, que de variétés dans la taille, la forme, le genre de vie, les mœurs des animaux intermédiaires !... Du premier au dernier échelon, la transition est insensible : une chaîne étroite et non interrompue unit l'animalcule à l'articulé colossal !

Dans ce monde intéressant, au sein duquel nous pénétrons, nous n'étudierons pas séparément les genres et les espèces d'individus qui le composent, car cette étude nous entraînerait beaucoup trop loin. Nous nous contenterons de choisir les particularités curieuses de chacun d'eux ; et nous examinerons ainsi successivement leurs *armes*, les *organes* dont ils se servent pour se procurer leur nourriture ; les *outils* nécessaires à leurs travaux ; et enfin les *instruments* qu'ils emploient dans la culture des *arts d'agrément*. Que ce dernier mot ne vous étonne pas, ami lecteur, car il existe des *artistes* chez les articulés aussi bien que parmi nous. Commençons aujourd'hui, si vous le voulez bien, par visiter l'arsenal.

Voici d'abord deux divisions très-naturelles : d'un côté, les armes ordinaires ; d'un autre côté, les armes venimeuses.

Au rang des premières, voici d'abord les armes défensives représentées par les *corselets* et les *élytres* des coléoptères, qui protégent l'animal à la façon de la cuirasse et du bouclier.

L'armure des crustacés semble avoir servi de modèle à celles de nos anciens preux ; et le cloporte est aussi bien défendu par sa carapace que l'était jadis Ajax par les sept lames de cuir derrière lesquelles il se mettait à l'abri.

Quelques larves nues, exposées à être la proie des oiseaux ou des insectes cuirassés, ont un moyen de défense plus extraordinaire, et qui, je me plais à le croire, n'a pas son analogue dans l'espèce humaine. Elles s'enveloppent de leurs excréments et s'en font un fourreau protecteur. D'autres, quand on les menace, sécrètent immédiatement un liquide rougeâtre et nauséeux qui baigne leur peau. Telles sont les larves de la *chrysomèle* du peuplier. La *cercopis*, que l'on trouve sur les genêts, se cache dans un flocon d'écume semblable à de la salive ; les *sauterelles* et les *silphes* crachent une humeur noirâtre quand on les saisit ; le *staphylin* redresse fièrement son abdomen et souille, par l'émission d'un liquide blanchâtre, les doigts qui le font prisonnier.

Mais la plus remarquable des armes défensives que la nature ait donnée aux articulés appartient aux insectes du genre *brachin*. Ces petits animaux portent, à l'extrémité inférieure de leur corps, un petit appareil détonant et pouvant tirer, au gré de l'animal, une douzaine de coups successifs et presque instantanés. A chaque décharge, une explosion se fait entendre et un liquide très-corrosif, suivi d'un jet de vapeurs roussâtres, est projeté avec

Fig. 103. — Brachin détonant.

force contre l'ennemi. L'insecte fabrique lui-même ses projectiles, et quand la giberne est épuisée, les cartouches se renouvellent bientôt comme par enchantement. Les chassepots auront beau faire merveille, jamais ils n'atteindront à ce degré de perfection et de simplicité.

Les armes *offensives* de la plupart des articulés ne sont point venimeuses. Presque tous, en effet, n'ont que leurs mandibules pour attaquer

leur proie ou répondre aux aggressions des au-
dacieux qui leur cherchent noise.

Les mâchoires ont ordinairement l'aspect de
faucilles microscopiques aiguisées sur un de
leurs bords, et coupant en chevauchant l'une
sur l'autre, à la façon des ciseaux. Elles sont
disposées de la sorte chez les coléoptères, les
orthoptères et un grand nombre d'autres insectes : mais dans d'autres classes elles se
modifient considérablement et se changent en
trompes, en suçoirs, etc., selon le mode
d'existence de l'animal auquel elles appartiennent.

CHAPITRE II

Les articulés venimeux possèdent des armes qui, par leurs terribles effets, peuvent rivaliser avec celles dont nous nous servons, et dont l'étude, à ce point de vue, est très-intéressante.

Jamais l'homme, dans son infernale aptitude à inventer des instruments de destruction et de mort, n'imagina des armes aussi terribles que celles des insectes venimeux: jamais l'horrible génie de Locuste et de Borgia ne put créer des poisons aussi subtils que les venins dont sont doués quelques-unes des plus faibles créatures.

Et quelle diversité encore dans ces liquides pernicieux et dans ces armes venimeuses ! Qu'elle produise le mal ou le bien, qu'elle enfante la fleur gracieuse ou l'aiguillon empoisonné, la nature est toujours aussi féconde, aussi variée, aussi ingénieuse.

Les chimistes n'ont pas encore bien étudié les poisons animaux; celui des plus dangereux reptiles est à peine connu; celui des *arachnides*, des *guêpes*, des *cousins*, etc., n'a jamais été l'objet d'une étude vraiment consciencieuse. Voilà une lacune à remplir:

En revanche, les entomologistes ont assez bien décrit les diverses armes qui servent à introduire ces venins dans les plaies qu'elles produisent. Il est vrai qu'ils n'ont guère considéré ces armes indépendamment de l'insecte qui les porte ; et c'est au contraire de cette façon que nous allons les examiner.

A ce point de vue nous pourrions diviser en deux classes les articulés venimeux :

Nous rangerions dans la première tous ceux qui inoculent le venin par des armes dépendant de leur bouche : *Armes buccales ;* dans la seconde tous ceux dont les armes sont placées à l'extrémité de l'abdomen : *Armes abdominales.* Enfin, quelques insectes occasionnant, par le simple contact, des démangeaisons ou des cuissons plus ou moins vives, — propriété qu'ils partagent avec des mollusques et des zoophytes, — nous les réserverions pour une classe spéciale contenant tous les animaux appelés *urticants.*

Si vous voulez bien admettre cette classification, ami lecteur, nous passerons d'abord en revue l'arsenal des :

ARMES BUCCALES.

Voici de fortes mandibules terminées par un crochet aigu percé d'un trou. Un canal est creusé dans ce crochet; et le tube excréteur d'une glande venimeuse vient y aboutir. Cette arme formidable est à la fois une mâchoire, une antenne, une patte, un crochet, une pince, un aiguillon.

On la voit à la bouche de l'araignée et de la scolopendre ; et les blessures qu'elle produit peuvent être parfois d'une gravité extrême.

Si les araignées de notre pays ne peuvent tuer que des mouches, il n'en est pas de même, en effet, des grosses espèces des pays chauds qui sont la plupart très-dangereuses. La *tarentule*, sur laquelle on a débité tant de fables, peut déterminer, quoi qu'on en ait dit, d'effrayantes convulsions ; et l'on a même cité des cas de mort occasionnée par la piqûre de la *malmignatte* d'Amérique.

Les scolopendres des Antilles et du Sénégal ne sont pas moins redoutables ; leur morsure donne une fièvre très-intense à laquelle peuvent succéder des accidents nerveux, quelquefois mortels.

Examinons maintenant ces sortes de becs articulés qui semblent faits pour pénétrer au travers des corps les plus durs. Leur finesse et leur acuité nous étonnent ; mais regardons-les plus attentivement. Ce que nous prenions pour le glaive lui-même n'est qu'un fourreau contenant trois ou quatre lames d'une admirable délicatesse maintenues serrées les unes contre les autres, par la gaine qui les protége et les sou-

tient. Ces *soies* parallèles servent à conduire
dans la bouche de l'agresseur le sang puisé dans
la plaie de la victime.

Cette arme est celle d'une affreuse bestiole

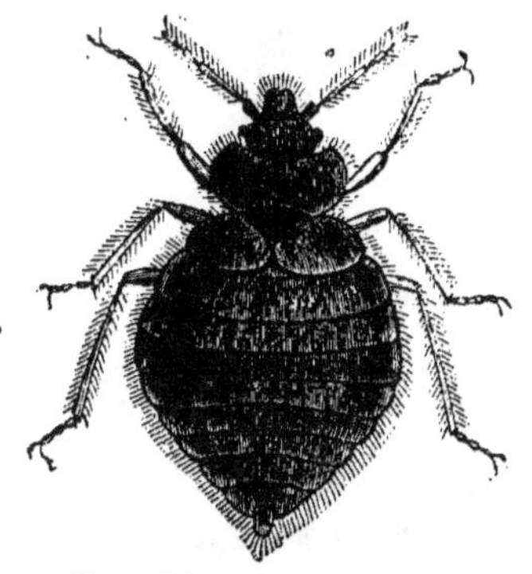

Fig. 104. — La punaise.

que nous connaissons tous : la *punaise*. Elle appartient encore à une foule d'individus de la
classe des *hémiptères*. La *notonecte* qui nage sur
le dos dans toutes les mares de l'Europe, la *ré-
duve sanglante*, et la *nèpe cendrée* savent en
faire usage contre les insectes plus faibles dont
ils veulent faire leur nourriture, aussi bien que
contre leurs plus redoutables ennemis.

Mais le *rostre* des hémiptères, comme le
nomment les naturalistes, n'est qu'une arme
grossière, comparée à la *trompe* dont un grand
nombre d'insectes diptères sont pourvus.

Ici, plus de gaine rigide, plus de fourreau
pénétrant dans la blessure avec les soies qu'il
contient.

Chez les diptères, la trompe est nue, ou bien

la gaîne qui sert à la former se replie en dehors,
lorsque les lancettes tranchantes qu'elle enve-

FIG. 105. — Trompe du cousin.
A droite : La lèvre supérieure servant de gaîne, fendue longitudi-
nalement ; *au milieu* : l'aiguillon ; *à gauche* : lèvre supérieure.

loppe s'enfoncent dans le tissu qu'elles ont attaqué. La trompe du *cousin* est le type du genre.
Elle se compose de *cinq* lancettes, dont deux

FIG. 106. — Cousin enfonçant sa trompe dans la peau ; la lèvre supérieure ou gaîne se repliant pour livrer passage à l'aiguillon.

sont terminées par une petite dilatation lancéo-
lée, tandis que les deux autres sont dentelées à

leur partie inférieure, et la cinquième dans toute son étendue. La lèvre inférieure de la bouche est allongée pour servir de gaîne à ce merveilleux appareil.

C'est à l'aide d'une trompe que les moustiques et les maringouins occasionnent ces cuisantes piqûres que presque tous les voyageurs ont à subir quand ils explorent les pays chauds.

L'*hippobosque*, ou *pou volant*, pique avec une arme semblable les bœufs et les chevaux ; et dans certaines contrées de l'Afrique une autre mouche, plus redoutée que la vipère, la terrible *tsetsé*, inocule de la même manière aux animaux domestiques un poison qui les épuise et les fait mourir en quelques jours.

Passons maintenant aux :

ARMES ABDOMINALES.

Les plus dangereuses que les articulés aient à leur service, celles dont ils font quelquefois un si cruel usage.

Ces armes connues sous le nom d'*aiguillons* sont placées à l'extrémité postérieure de l'abdomen.

Chez les *scorpions*, elles ont la forme d'un crochet recourbé, et chez les *guêpes*, les *abeilles* et autres hyménoptères, elles consistent en deux lames très-déliées et très-aiguës, que l'insecte peut faire sortir à volonté du fourreau qui les renferme.

Le crochet du scorpion a la forme d'une alène

de cordonnier ; un gros renflement allongé en forme de poire est placé au dessous de la pointe venimeuse, et c'est dans cette sorte d'ampoule que sont logées les glandes destinées à la sécrétion du venin. Ces glandes sont au nombre de deux ; une sorte d'enveloppe musculaire les entoure, et de leur extrémité antérieure, se détache un mince conduit qui va porter le liquide venimeux à la pointe du crochet.

Quand le scorpion, irrité, veut faire usage de cette arme, on voit à l'extrémité du dard, relevé, perler une gouttelette de venin. L'animal pique, et les enveloppes musculeuses des glandes, se contractant aussitôt, chassent dans la plaie toute la liqueur contenue dans l'appareil.

La piqûre du scorpion est dangereuse. Celle des arachnides de cette espèce, vivant en Europe, ne produit il est vrai, que des accidents insignifiants ; mais celle du scorpion d'Afrique peut être très-grave. On a vu des hommes piqués à la tête, mourir au milieu d'affreuses convulsions...

Les hyménoptères venimeux sont moins redoutables, quoique leurs armes soient beaucoup plus compliquées cependant, que celles des scorpions. Toutes ces armes sont faites sur le même type, et il nous suffira de connaître celle de l'abeille pour savoir comment sont disposées toutes les autres.

Représentez-vous deux fines lancettes adossées l'une contre l'autre, présentant une petite rainure sur le côté par lequel elles se touchent, et très-délicatement dentelées en dehors. Ce dard, ainsi constitué, est enfermé dans un fourreau cartilagineux, et il obéit à deux systèmes de muscles soumis eux-mêmes à la volonté de l'insecte.

Le premier système de muscles fait sortir le dard du fourreau et le pousse dans les tissus qu'il attaque ; le deuxième système retire le dard de la plaie et le fait rentrer dans le fourreau.

La base de l'aiguillon est en rapport avec un tube formant le conduit de dégorgement d'une petite vessie ; celle-ci n'est autre chose que le réservoir des glandes venimeuses avec lesquelles il communique par l'intermédiaire d'un autre canal. C'est dans deux petites ampoules, qui ne sont pas sans analogie avec les vésicules de nos glandes salivaires, que se fabrique le venin.

L'appareil venimeux des abeilles jouit d'une grande sensibilité ; au moindre attouchement le dard est vivement projeté hors de l'abdomen, et douze heures encore après que le ventre a été séparé du corselet de l'animal, l'aiguillon fonctionne avec autant de force que si l'insecte était encore en vie.

Tout le monde connaît les effets de la piqûre des hyménoptères. Les abeilles sont moins dan-

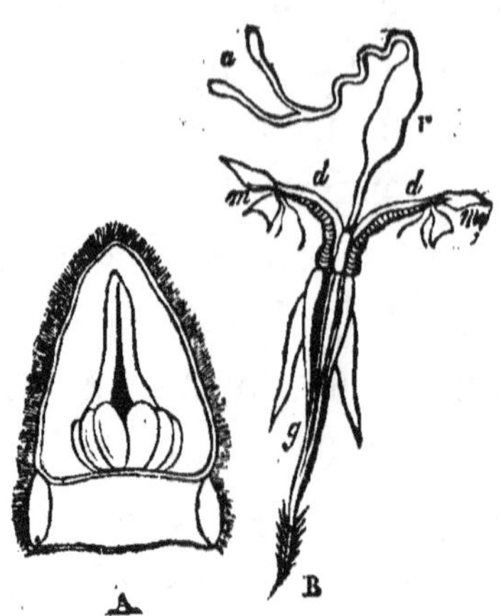

FIG. 103. — Appareil venimeux
de l'abeille.

A. Partie postérieure de l'abdomen renfermant l'aiguillon. *B,*
a, a. Tubes secréteurs du venin. *r.* Réservoirs. *g.* Gaine de
l'aiguillon. *d, d* Racines des dards. *m, m.* Muscles sur lesquelles elles s'implantent.

gereuses que les guêpes, et le venin de celles-ci
ne cause pas d'accidents aussi graves que celui
des *frêlons* et des *bourdons.*

Il faut cependant éviter d'approcher trop près
des ruches, car les accidents pourraient être terribles, si l'on était assailli par tout un essaim à
la fois. Souvent, lorsqu'un hyménoptère pique,
son ennemi ne lui laisse pas le temps de retirer
l'aiguillon de la plaie. L'insecte, pour échapper
à la mort, s'envole alors si précipitamment, que
son dard, retenu par les nombreuses denticules
dont il est hérissé, reste dans la blessure. La
douleur et le gonflement que détermine le venin
sont, dans ce cas, un peu plus intenses; et le
premier soin à prendre pour combattre les effets

du poison consiste dans l'extraction immédiate de l'arme venimeuse.

Il nous reste, pour terminer cette étude, à dire quelques mots des :

ARMES URTICANTES.

C'est-à-dire de celles que la nature a données aux *animaux urticants*. Ceux-ci ont été désignés de la sorte parce que les démangeaisons et les éruptions inflammatoires occasionnées par leur contact sont analogues aux piqûres des *orties*.

Un grand nombre de chenilles velues, mais entre autres celles qui vivent en troupes et qui sont connues sous le nom de *processionnaires*, les *bombyces du chêne*, les *lithosies*, les *liparis*, les *chenilles du pin*, etc., portent dans leur toison des poils urticants dont le simple contact engendre des rougeurs cuisantes. Ces poils sont si ténus qu'on ne peut les distinguer qu'au microscope, et c'est surtout au moment où la chenille veut se transformer en chrysalide, qu'ils se détachent de son corps pour se répandre dans l'air.

Quelques animaux marins, les *actinies* et les *méduses*, par exemple, produisent aussi des phénomènes d'urtication. Il suffit de tenir pendant quelque temps à la main une de ces méduses gélatineuses si abondantes sur nos côtes, pour sentir bientôt une démangeaison assez vive.

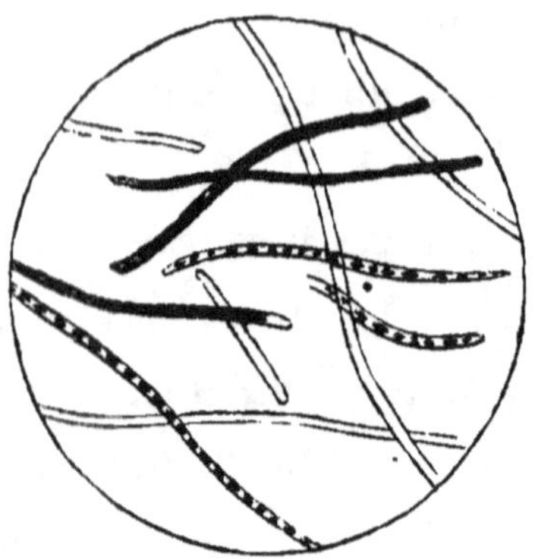

Fig. 109. — Poils urticants.

Mais ces accidents, au lieu d'être déterminés par des poils, sont causés ici par des humeurs fabriquées dans des organes spéciaux.

Les animaux urticants n'ont jamais, que je sache, occasionné la mort de personne ; cependant un savant illustre, Réaumur, resta cinq à six jours très-malade pour avoir étudié de trop près les mœurs des chenilles processionnaires.

Quelque temps après, — ceci est plus grave, — quatre dames ayant voulu assister aux expériences de l'ingénieux entomologiste furent, à leur tour, atteintes de rougeurs au cou et aux épaules Pour une fois peut-être, que ces belles curieuses s'intéressaient à un spectacle scientifique, elles furent, nous devons en convenir, bien mal récompensées.

CHAPITRE III

LES ORGANES DES SENS.

Aussi bien que les armes offensives ou défensives que possèdent les insectes, les organes dont ces petits êtres font usage tous les jours pour se procurer leur nourriture, et ceux qui leur ont été donnés pour l'accomplissement des diverses fonctions de la vie sont dignes de notre admiration.

Examinons d'abord, chez ces intéressants animaux, l'appareil de la vue. Chacun de vous sait évidemment que la mouche ordinaire et l'abeille — les deux insectes les plus connus — portent de chaque côté de la tête un petit globe rugueux et chagriné que l'on ne peut prendre pour autre chose que pour l'organe de la vision. Ces globes sont en effet des yeux ; mais des yeux agglomérés, serrés les uns contre les autres ; des yeux *composés* comme les nomment les entomologistes.

Si vous regardez au microscope la surface rugueuse de ces globes, vous verrez avec étonnement que chacune de ces aspérités, nettement distincte de ses voisines, a la forme d'une facette hexagonale ; et si vous poussez plus loin cet

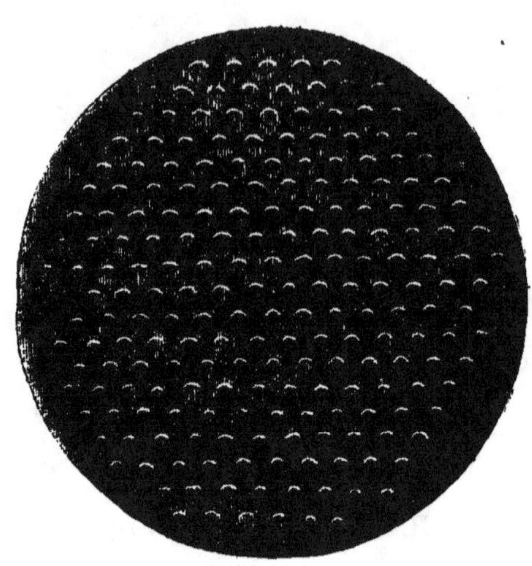

Fig. 110. — Œil de la mouche commune.

examen superficiel, vous reconnaîtrez que chaque hexagone termine un tube perpendiculaire à la surface de l'œil.

L'ensemble des tubes donne à l'organe tout entier, considéré à un fort grossissement, l'aspect d'un gâteau de miel, dont chaque cellule serait un œil distinct. Le nombre de ces yeux est considérable chez quelques insectes. Sur l'œil d'un papillon on en a compté *dix-sept mille trois cent cinquante-cinq ;* sur celui d'une demoiselle, *douze mille cinq cent quarante quatre ;* sur celui d'une mordelle, *vingt-cinq mille quatre-vingt-huit !...*

Les araignées, qui pourtant ont la vue très-perçante, manquent d'yeux à facettes. Elles ont à la place des yeux simples, lisses, semblables

à de petits points brillants, et groupés de diverses façons sur la tête. Ces yeux simples se
retrouvent d'ailleurs chez les insectes, car un
certain nombre d'entre eux présentent à la fois
les deux sortes d'organes. L'abeille et la guêpe,
par exemple, possèdent entre les deux globes à
facettes trois yeux lisses, situés sur le front.

Ces yeux de luxe servent, dit-on, à l'insecte,
lorsqu'il veut se diriger dans le sens vertical ;
mais on croit qu'ils lui sont toujours utiles pour
distinguer les objets qui sont près de lui, les
yeux à facettes étant surtout disposés de façon
à mieux voir de loin que de près.

De tous les insectes, celui qui voit le plus
clair est une espèce d'*éphémère* dont la vie n'a
cependant qu'une durée d'un jour. Elle possède à
la fois quatre yeux à facettes, et trois yeux lisses
parfaitement organisés. Peut-être, à cause de
la brièveté de son existence, la nature a-t-elle
voulu la dédommager. Mais, en revanche, un
certain nombre d'articulés n'ont reçu en partage
que des yeux petits, déprimés, presque impénétrables à la lumière. Tels sont les *blaps*, les *termites*, et bien d'autres qui ne sortent que pendant l'obscurité. On trouve même, dans quelques
cavernes de l'Amérique, des insectes complète-
ment aveugles ; leurs yeux, devenus inutiles, se
sont lentement atrophiés de génération en génération, et les individus qui naissent de nos

jours sont absolument dépourvus de ces organes.

Le sens du *toucher* atteint chez quelques articulés une sensibilité extrême. Il ne réside pas, comme chez nous, sur tous les points de l'enveloppe extérieure. Celle-ci étant, comme on sait, très-dure et très-coriace, il est limité à des appendices de forme variable placés à la partie antérieure de la tête et nommés les *antennes*. Ces organes sont très-déliés et presque filiformes chez un grand nombre d'insectes ; souvent ils ont l'aspect d'une petite massue ; d'autres fois ils ont beaucoup plus de largeur que de longueur. Les antennes du hanneton sont divisées en plusieurs feuillets ; celles des bombyx sont ramifiées, celles de l'abeille

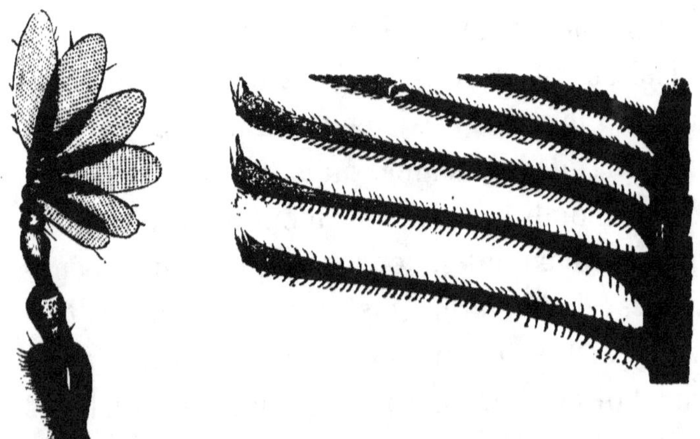

Fig. 111. — Antenne à feuillets.

Fig. 112. — Antenne ramifiée.

sont très courtes ; celles de quelques longicornes peuvent atteindre une longueur de plusieurs pouces. A la base de ces organes siége, dit-on, le sens de l'odorat, très développé surtout chez les mouches et les nécrophores, qui sentent à de très grandes distances les cadavres des animaux.

Le sens du *goût* paraît être assez obtus chez la plupart des articulés. Il est représenté par de petits prolongements filiformes, fixés de chaque côté de la bouche et nommés *palpes labiaux et palpes maxillaires*, selon qu'ils sont attachés aux lèvres ou aux mâchoires.

Un grand nombre d'insectes paraissent être privés du sens de l'ouïe : car, malgré la sagacité des naturalistes, on n'a pu découvrir chez eux, aucun organe qui ressemblât à une oreille. Il existe pourtant de nombreux exemples d'araignées passionnées pour la musique ; et beaucoup d'insectes, les grillons, les cigales, les criocères, etc., sont des musiciens consommés. Si ces artistes n'entendaient pas les airs qu'ils jouent, à quoi pourraient leur être utiles les instruments dont ils se servent si bien ?

CHAPITRE IV

Parce que nous aurons, dans notre précédent chapitre admiré les organes des sens chez les *articulés*, nous ne serons pas à bout de surprises et d'étonnements, si nous continuons l'étude de ces petits êtres.

Savez-vous comment ils respirent? Leur corps est percé d'une multitude de petits tubes nommés *trachées* par lesquels l'air pénètre pour aller vivifier, au travers d'une membrane, d'une ténuité extrême, le liquide nourricier. A l'entrée de ces tubes est placé une sorte de grillage formé par des cils microscopiques, s'opposant à la pénétration des poussières dans ces conduits aériens.

Grâce à ces appareils respiratoires si compliqués en apparence, mais si élémentaires en réalité, les insectes peuvent voler ou courir avec la plus grande vitesse sans jamais être essoufflés. Vous connaissez la rapidité de la course ou du vol de quelques-uns d'entre eux. Relativement à sa taille, la mouche court sans se fatiguer, plusieurs centaines de fois plus vite que l'homme, quand elle est placée sur une glace ou tout autre corps poli. La libellule vole au-dessus des eaux avec une telle promptitude que l'œil le plus perçant a grande peine à la suivre dans ses zig-zags capricieux.

Les *ailes* des insectes ne sont-elles pas des merveilles de légèreté?... N'avez-vous jamais admiré la finesse et en même temps la résistance de leur tissu? Quelle force et quelle puissance aussi dans les muscles qui les meuvent et qui déterminent leurs vibrations.... Voilà un sujet d'observation et d'étude, que nos aéronautes feraient bien peut-être d'approfondir. Il y a tant de variété dans la disposition et la forme de ces appareils de locomotion aérienne, qu'un patient observateur trouverait sans aucun doute, en les comparant entre eux, le secret de quelque invention merveilleuse.

Chez les *coléoptères*, les ailes membraneuses et d'une ampleur remarquable, sont si fragiles, qu'à l'état de repos elles sont protégées par des étuis ou *élytres* durs et comme cornés.

Quelques *orthoptères*, les *criquets*, par exemple, ont leurs ailes déployées en éventail, et leur déploiement brusque occasionne, quand ces insectes prennent le vol, un bruit strident tout à fait caractéristique.

Les *hémiptères*, dont les *punaises* sont les représentants les plus connus, portent des ailes membraneuses découvertes à l'extrémité, et protégées à leur base seulement par des *demi-élytres*.

Les *névroptères*, dont la famille, peu nombreuse d'ailleurs, comprend les *libellules* ou *demoiselles*, ont quatre ailes rigides qui frappent l'air comme les palettes d'un navire frappent les eaux, et qui sont douées d'une force surprenante.

Les *hyménoptères*, abeilles, guêpes, bourdons, fourmis, possèdent aussi quatre ailes membraneuses, vibrantes, mais beaucoup moins fortes que celles des insectes de l'ordre précédent. Ceux-ci font entendre en volant un bruit sec; le frémissement des ailes des abeilles et des bourdons produit au contraire un son grave et musical.

Les *diptères*, mouches, taons, cousins, etc., n'ont que deux ailes membraneuses, mais n'en volent pas moins avec une grande rapidité.

Les insectes les mieux partagés au point de vue du genre de locomotion qui nous occupe, paraissent être les *papillons*. Il est vrai que sur leurs ailes, la nature semble avoir essayé tous les caprices et toutes les fantaisies de son pinceau. Mais, en revanche, beaucoup des *lépidoptères* diurnes volent lentement et presque avec paresse. On dirait qu'ils ont de la peine à mouvoir ces larges membranes richement

Fig. 113. — Écaille de papillon.

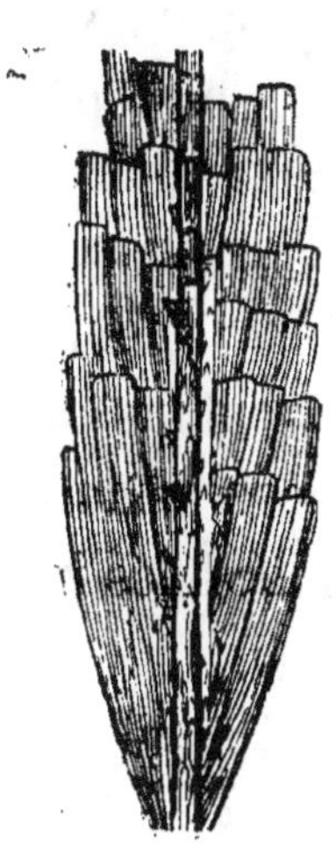

Fig. 114. — Aile de moucheron.

décorées et couvertes de brillantes écailles, analogues en quelque sorte aux plumes des oiseaux. Il est possible de suivre à la course un grand nombre de papillons voltigeant dans nos prés, et l'on voit souvent plusieurs d'entre eux être forcés de se poser de temps en temps sur une fleur, comme pour reprendre haleine.

A la moindre déchirure, leurs ailes ne peuvent plus fonctionner, et les pauvres blessés, se traînant péniblement à terre, y brisent bientôt complétement les splendides organes qui servaient à les soutenir dans les airs.

On comprend qu'avec des ailes de structure et de forme si différentes, les insectes ne volent pas tous de la même façon. Je me suis longuement occupé, il y a quelques années de l'étude comparée du vol des insectes, et j'ai recueilli sur ce sujet de nombreuses notes que je vous communiquerai peut-être quelque jour.

Au printemps, quand les bois et les prairies ont leurs feuilles et leurs fleurs, placez-vous sous quelque arbre touffu, en présence d'un immense champ de verdure, et remarquez les innombrables insectes qui volent çà et là autour de vous.

Voici la demoiselle à la robe violette, celle que nous appelons communément l'*Éléonore* ; elle passe comme un trait ; son vol est presque rectiligne, et ce n'est qu'à de rares intervalles qu'elle fait soudain un brusque crochet, pour reprendre presque instantanément sa première allure. A vos pieds un *criquet* s'envole ; il décrit une courbe peu étendue et va retomber dans une touffe d'herbe. Son vol est presque pénible et vertical. Regardez maintenant ce papillon blanc : c'est la *Piéride du chou* ; il descend, rase la cime des plantes, se relève insensiblement pour s'abaisser de nouveau ; rétrograde pour effleurer encore les herbes, sans trouver aucune fleur digne de le fixer, se relève brusquement pour planer à une grande hauteur, puis retombe doucement sur la corolle que son caprice a choisie.

Après ce flâneur insoucieux, voici venir à toute

vitesse, affairée, bruyante, étourdie, la grosse mouche bleue, qui cherche quelque fumier pour y déposer ses larves. Son vol est horizontal, saccadé, irrégulier, brusque, composé d'une série de crochets, d'anneaux, de zig-zags, de demi-tours difficiles à suivre. Elle se pose tout à coup au soleil sur quelque pierre ou quelque tronc d'arbre, fait cinq à six pas très rapides, brosse ses ailes et sa tête, s'envole soudain, plane un moment au-dessus et tout près de l'objet sur lequel elle s'est posée, fait entendre un bourdonnement aigu et désagréable, puis disparaît brusquement pour reprendre son vol bizarre et tourmenté.

Je pourrais considérablement multiplier ces exemples; mais en voilà bien assez pour attirer l'attention du lecteur sur un curieux spectacle qu'il n'avait jamais peut-être songé à contempler.

CHAPITRE V

Après avoir suivi les insectes dans leurs capricieuses évolutions au milieu des airs, après avoir étudié dans ses nombreuses variétés, le merveilleux appareil qui les soutient et les dirige dans leurs courses aériennes, *l'aile*, examinons un autre de leurs organes qui les rapproche davantage de nous : *la patte*.

Nous avons deux jambes et deux bras, quatre membres, tandis que les insectes en ont six. Sous ce rapport, ils nous sont par conséquent bien supérieurs encore. On dira peut-être que nous avons des mains, et qu'ils n'en ont pas ; mais leur bouche si admirablement compliquée, n'est-elle pas à la fois un appareil de préhension et de mastication ?

Nous portons nos mains à l'extrémité de nos membres supérieurs ; les insectes ont les leurs de chaque côté de la bouche, voilà toute la différence. Et nous n'avons pas à nous enorgueillir de nos travaux, de notre habileté, de notre adresse, quand nous les comparons à ceux de ces petits êtres que nous plaçons pourtant bien au-dessous de notre race. Nos mains savent écrire, buriner, broder, bâtir ; mais les insectes n'accomplissent-ils pas des travaux aussi remarquables que les nôtres? Quel géomètre, sans compas et sans rapporteur saura tracer des cercles ou des polygones aussi sûrement que la tenthrède et le frelon? Quel ciseleur habile fouillera aussi délicatement que la xylocope ou la fourmi, le chêne le plus dur?... Quelle patiente dentellière saura tramer, sans modèle, des tissus aussi fins que ceux de la plupart des araignées?... Quel architecte et quel maçon s'entendront mieux à construire, que le termès, l'abeille, la phrygane et l'osmie?...

Les pattes, cependant, ne servent guère à l'insecte pour travailler. Ses mandibules sont ses outils ; les membres ne sont que des instruments locomoteurs, et quelquefois des armes.

Chez quelques-uns, tels que les *sauterelles*, les *locustes*, les *puces*, etc., les membres postérieurs disposés pour le saut, se composent d'une cuisse très-volumineuse et très-forte qui, se pliant sur une jambe grêle, constitue un ressort d'une grande puissance.

Les mantes, les nèpes, les ranatres, ont, à l'extrémité de leurs pattes antérieures, un crochet très aigu qui leur sert à se défendre et à saisir leur proie.

La patte de la mouche commune, vue au microscope, présente une disposition des plus remarquables. De chaque côté des minces griffes qui la terminent, s'étale une expansion membraneuse, une sorte de manchette du tissu le plus fin qu'il soit possible de voir, et dont l'usage est vraiment singulier. Loin d'être des objets de luxe, ces manchettes servent à soutenir l'insecte sur les corps les plus glissants et les plus lisses. Ce sont des sortes de ventouses fonctionnant comme ces joujoux que les enfants nomment des *arrache-pavés*. Grâce à ces

Fig. 115. — Patte de la mouche commune.

Fig. 116. — Pince crochet de l'araignée.

appareils pneumatiques, les mouches se tiennent parfaitement, même le dos en bas, sur les glaces, les vitres et les plafonds les plus polis.

Ces mêmes organes se retrouvent plus grands et plus développés, toutefois, aux pattes antérieures de ces gros coléoptères qui nagent dans les eaux douces, et que les entomologistes ont nommés des *dytiques*. Chez ces insectes nageurs et quelques autres espèces aquatiques, telles que les *notonectes*, les *corixes*, etc., les pattes postérieures sont disposées en palettes larges et minces, fonctionnant à la façon des rames ou des nageoires.

Les insectes, dépourvus d'aiguillons, sont quelquefois armés d'éperons ou d'ergots, qui leur rendent de grands services quand un en—nemi vient les attaquer. Ces pointes, très fines et très aiguës, sont ordinairement placées à la partie inférieure de la jambe; et chez la plupart des coléoptères on les distingue au premier coup d'œil. Celles des dytiques sont d'une longueur suffisante pour occasionner une doulou-reuse piqûre aux doigts imprudents qui saisissent ces insectes sans précaution.

Un grand nombre de papillons portent aussi des ergots comme la rose porte des épines ; mais à côté du brillant lépidoptère, qui rarement fait usage de ses armes, la reine des fleurs peut passer pour terrible , hérissée comme elle l'est ordinairement d'aiguillons et de dards.

Les insectes fouisseurs ont des pattes qui diffèrent encore de toutes celles que nous venons d'étudier. Leurs bras sont des outils, pouvant tenir lieu, à la fois, de scie, de pelle et de pioche. Voyez *le bousier* ou *la courtilière* creuser une galerie souterraine. A mesure qu'il avance, l'insecte, comme la taupe, se débarrasse de la terre qui le gêne, en la rejetant au dehors. Qu'une racine lui fasse obstacle, il la coupe d'un trait de scie aussi nettement qu'un charpentier qui divise une pièce de bois. En une nuit, deux ou trois courtilières dévastent complétement un carré de jardin.

Les pattes postérieures de l'abeille ont encore une structure toute particulière. Elles sont creusées de petites cavités bordées de brosses, qui leur servent de hottes et de paniers à provisions.

FIG. 117. — Patte à corbeille de l'abeille.

Quand ces hyménoptères butinent sur les fleurs, les brosses font tomber le pollen dans les corbeilles, et ce n'est qu'après avoir empli celles-ci que les insectes laborieux retournent à leur ruche.

CHAPITRE VI

Un des plus admirables organes qui aient été donnés aux insectes, c'est la *tarière*. On ne le trouve pas chez toutes les espèces, mais un très grand nombre en ont été pourvues. Cet instrument, qui ne ressemble pas autant que son nom le laisserait croire, à la tarière dont se servent les charpentiers, est placé à la partie postérieure de l'abdomen, et les personnes peu familières avec les petits êtres dont nous racontons l'histoire le prennent volontiers pour une *queue* de luxe plus ou moins inutile à celui qui la porte.

Cet appendice n'est cependant pas un simple ornement. C'est à la fois un organe de perforation et un tube destiné à laisser glisser des œufs dans les blessures qu'il produit.

Les tarières les plus remarquables sont celles des locustes et des sauterelles vertes, que l'on nomme improprement *cigales* dans quelques pays. Elles ont la forme d'un sabre recourbé, et sont horizontalement placées à l'extrémité abdominale du corps. Quand l'insecte veut pondre, il se soulève sur ses pattes, recourbe verticalement sa tarière, l'enfonce dans la terre et laisse échapper ses œufs, qui glissent un à un dans le tube comme pourraient le faire des balles dans le canon d'un fusil.

Mais cette énorme tarière est un instrument relativement grossier auprès de celui que présentent plusieurs insectes beaucoup plus petits.

Le même appareil chez certains hyménoptères voisins des abeilles et nommés les *Cynips,* est un tube d'une délicatesse extrême. Et cependant, avec cette arme mignonne, les cynips attaquent les rois de la création végétale : le chêne et le rosier. Le cynips du chêne incise avec sa tarière les feuilles ou les jeunes

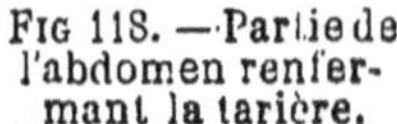

Fig 118. —Partie de l'abdomen renfermant la tarière.

Fig. 119.—Cynips, grandeur naturelle.

Fig. 120.—Détails de la tarière du *Cynips.*

rameaux de l'arbre géant. Dans la piqûre il dépose un ou plusieurs œufs, et cette tâche accomplie, il meurt. Le végétal se tuméfie à l'endroit de la blessure; une excroissance plus ou moins arrondie se forme, c'est une *galle.*

Ouvrez, vous trouverez une sorte de cellule à son centre, et dans cette chambrette les petites larves nées des œufs déposés par la tarière maternelle. Le cynips du rosier ne procède pas autrement. C'est l'épiderme du rosier sauvage qu'il pique de préférence ; mais la galle qui se développe à la suite de cette blessure est chevelue et mousseuse au lieu d'être lisse ou rugueuse comme celle du chêne. On la nomme un *bédéguar*. D'autres cynips produisent sur les feuilles du saule, des ampoules, au sein desquelles vivent leurs larves ; une espèce non moins remarquable perce les figues, mais loin de nuire à ce fruit délicieux, elle augmente ainsi sa saveur et accélère sa maturité.

Les tarières des *tenthrèdes*, des *callidies* et celles d'un grand nombre de longicornes sont assez résistantes pour percer le bois ; mais celles des *ichneumons* sont terribles. Ces insectes sont pour tout le peuple des articulés des brigands redoutables, de perfides assassins. Les chenilles surtout pourraient s'en plaindre ; car elles sont l'objet de la plus atroce persécution. Les ichneumons s'acharnent après elles avec une sauvage cruauté. Dès que l'un de ces hyménoptères aperçoit la larve qu'il doit attaquer, aussitôt il vole sur elle. Un moment il plane comme un vautour au dessus de sa victime, puis, avec

une rapidité inouïe, s'abattant sur la malheureuse larve, il enfonce dans ses chairs molles sa
longue tarière pleine d'œufs. Ceux-ci restent dans
le corps de la chenille, et l'ichneumon disparaît.

Qu'arrive-t-il alors?... sans fatigue et sans
douleur apparentes, la chenille s'apprête à se
transformer en chrysalide pour subir sa métamorphose. Mais alors une hydre effroyable se
développe dans son corps. Les œufs de l'ichneumon ont donné naissance à de petites
larves dévorantes, dont chacune mord et
ronge continuellement les organes de la chenille, impuissante à s'en débarrasser. Horrible
supplice, que l'imagination de Dante n'a pas su
trouver!...

Les ichneumons, du reste, ne sont pas les seuls
insectes qui puissent *inoculer* ainsi leurs œufs
aux chenilles. Ce mode de parasitisme est très-
fréquent, au contraire, chez les articulés. Les
œstres qui tourmentent les bœufs et les chevaux
durant les chaudes journées de l'été introduisent
leurs œufs sous leur épiderme, et plusieurs
sortes de *mouches* sont parasites d'un grand
nombre de larves.

Une année j'avais élevé douze énormes chenilles de ce beau papillon de nuit, que l'on
trouve assez fréquemment aux environs de
Paris, et que l'on nomme le *grand paon*.
Toutes avaient fait leurs cocons dans les bocaux

qui leur servaient de logement, et j'avais tout
lieu de croire qu'elles me donneraient au printemps de magnifiques papillons ; mais quatre
d'entre elles seulement accomplirent régulière-
ment leur métamorphose. Les huit autres ne se
décidant pas à éclore, je les ouvris, et je
trouvai dans chaque dépouille une dizaine
de chrysalides cylindriques, courtes, annelées
et brunâtres, que j'exposai pendant quelques
jours au soleil, dans un large flacon. Leur
éclosion ne se fit pas attendre, il en sortit un
essaim de mouches grises, que je reconnus
appartenir à l'espèce nommée *mouche des larves*
et comme je savais que ces insectes piquent de
préférence les chenilles du grand paon, je
m'expliquai très-promptement leur présence
dans les cocons où je comptais trouver des
papillons.

CHAPITRE VII

LES OUTILS ET LES TRAVAILLEURS.

Nous ne pouvons pas terminer l'histoire des merveilleux petits organes que nous venons d'étudier, sans parler des prodigieux travaux que ces outils microscopiques peuvent exécuter.

Réaumur avait été tellement frappé de l'étonnante industrie des insectes, qu'il avait proposé de classer l'innombrable peuple des articulés en *corps d'état* parfaitement caractérisés par la nature même du travail qu'ils accomplissaient. Au lieu de *coléoptères*, d'*hémiptères*, de *longicornes*, etc., l'ingénieux naturaliste voulait des *charpentiers*, des *mineurs*, des *maçons*, des *papetiers*, des *fileurs*, etc.

C'était une classification charmante, et la science rigoureuse eût bien dû céder le pas à la fantaisie. Mais à côté des insectes *travailleurs* et capables de former une corporation, il se trouvait tant d'espèces paresseuses ou sans profession connue, que les savants effrayés de leur nombre durent, pour les distinguer entre elles, chercher dans leurs organes des signes caractéristiques. De là naquirent des classifications prosaïques, mais exactes, qui depuis ont prévalu.

Et cependant, quoi de plus nettement tranché que la spécialité du travail dans les diverses tribus des insectes? Quoi de plus différent que les mœurs et les habitudes du peuple articulé, suivant que l'on considère les classes du haut ou celles du bas de l'échelle.

Toute la famille des *carabes* est *carnassière*. Elle est composée de chasseurs intrépides, de soldats armés de fortes mâchoires et vêtus d'épaisses cuirasses. Tous ses membres sont des gaillards redoutables qui ne rèvent que batailles et combats. Quelques-uns même, les *brachins*, portent, à l'extrémité de l'abdomen, une arme détonante qui tire quinze à vingt coups à la minute, et lance un jet de vapeurs extrêmement caustiques. Grâce à ce révolver très-perfectionné, le *brachin pistolet* met en déroute un ennemi cent fois plus gros que lui Le chassepot n'est qu'une affreuse canardière comparée à cette carabine-là.

Les *escarbots* sont des *terrassiers*, des *mineurs* de premier ordre. Le *taupe-grillon* seul peut lutter avec eux dans l'art de creuser une galerie souterraine ou de percer un tunnel.

Les *nécrophores* feraient rougir les fossoyeurs et les employés des pompes funèbres, tant ils excellent à enterrer habilement les cadavres des petits mammifères qu'ils rencontrent.

Les premiers architectes du monde ne sont-ils pas les *termites* qui, malgré leur taille de fourmi, savent élever des édifices de vingt pieds de haut, si solidement construits qu'un buffle peut se tenir sur leur toiture sans les écraser?

Et les *fourmis*, elles-mêmes, ne nous étonnent-elles pas par leur intelligence et les remarquables travaux qu'elles accomplissent dans nos bois?...

Aucun gastronome, aucun confiseur n'a jamais imaginé un mets plus exquis que le miel de *l'abeille*.

Sans navette et sans métier, aucun tisserand n'a jamais ourdi une toile ; et l'araignée, sans autre instrument que ses pattes, tisse des réseaux plus délicats que la plus fine dentelle.

La *vrillette* perce le bois le plus dur, beaucoup mieux que ne le ferait un habile ouvrier avec une tarière.

Les *teignes* et les *bombyx*, sans patron et sans aiguille, se font des vêtements — toujours à la mode, — à la fois imperméables et chauds ; et les *phryganes* sont assez adroites pour se cuirasser en même temps qu'elles s'habillent.

La guêpe française est une papetière qui pousse le raffinement jusqu'à moirer les minces lames papyracées qui protégent son nid ; et celle de Cayenne étend son industrie jusqu'à la fabrication du carton.

Si vous voulez des charpentiers de talent, des menuisiers, et même des ébénistes, étudiez les *tenthrèdes* et les *xylocopes*. Celles-ci vous étonneront par leur dextérité à percer une porte ou à placer une cloison.

Les *osmies* et les *chalicodomes* bâtissent des cellules avec un art merveilleux. Les *anthocopes*, qui aiment le confortable, ne se contenteraient pas, pour tapisser leurs nids, du papier à quatre sous le rouleau que vendent les marchands de papiers peints. Elles vont tailler leurs rideaux et leurs tentures dans les larges pétales des coquelicots, et revêtent leurs murs de ces tissus odorants.

Ces quelques exemples, qu'il serait facile de multiplier considérablement, montrent bien toute la justesse de l'idée de Réaumur ; et quoique sa classification ait le tort immense de rapprocher des insectes très-différents au point de vue de leur organisation, elle mérite d'être conservée dans le domaine de la science pittoresque.

Je ne voudrais pas finir sans vous parler un peu de *la puissance organique* des insectes. On a reproché à leur système nerveux d'être imparfait, et cependant, un grand nombre des phénomènes qui sont sous sa dépendance s'accomplissent chez ces animaux avec une incroyable énergie.

Prenons comme exemple leur force musculaire qui, proportionnellement à leur taille, est vraiment extraordinaire. D'après les expériences récemment faites par un savant belge, M. Plateau, le *carabe doré*, attelé à un poids déterminé, tire dix-sept fois le poids de son corps ; la *nébrie brevicolle* vingt-cinq fois, le *nécrophore enterreur* et le *hanneton* quinze fois, le *trichius à bandes* quarante et une fois, l'*escarbot rhinocéros* quatre fois seulement. Comparons cette puissance musculaire à celle de l'homme et des mammifères, dont le système nerveux est complétement développé, et nous verrons jusqu'à quel point nos athlètes ont le droit de s'enorgueillir de leurs biceps.

La force de traction étant en moyenne, chez l'homme, de 55 kilogrammes, tandis que le hanneton tire quinze fois le poids de son corps, il s'ensuit que si l'un de ces insectes avait notre taille, il tirerait, sans se fatiguer, un poids de 950 kilos !

CHAPITRE VIII

Les insectes musiciens ne sont pas très-nombreux; mais quelques-uns ont un talent qui doit plaire à l'homme lui-même.

Les plus remarquables de ces artistes vivant dans nos climats sont les *cigales,* les *grillons,* les *locustes,* et les *criocères.*

La cigale, le plus criard de tous, était autrefois regardée comme le plus harmonieux des chanteurs ailés. Elle était pour les Grecs, le symbole de la musique, et les poëtes lui adressaient dans leurs chansons les épithètes les plus flatteuses. Aujourd'hui elle a perdu tout son prestige. On l'accuse, — comme tous les ténors tombés — d'être rauque, ennuyeuse, et monotone; et généralement on lui préfère le *grillon.*

L'appareil musical de la Cigale existe seulement chez le mâle. Il est logé dans une dépression de l'abdomen sous la dernière paire de pattes.

Il consiste en deux parties principales, le *miroir* et la *timbale,* placées sous la dépendance de muscles puissants qui les tendent et les font mouvoir. La timbale a l'aspect d'une membrane sèche comme un parchemin ou la peau d'un tambour. Elle résonne par le frottement, et c'est elle qui produit la *stridulation* aiguë que fait entendre l'insecte. Le *miroir* et les autres pièces de l'appareil paraissent destinées surtout à renforcer le son, et à le rendre plus éclatant.

Les antécédents du Grillon sont beaucoup plus modestes que ceux de la Cigale ; mais depuis longtemps son joyeux *cricri* a cependant attiré l'attention des poètes. Son instrument de stridulation, différant beaucoup de celui de la chanteuse favorite des Grecs, a été soigneusement décrit par M. Goureau. Le son aigu et strident qu'il produit est dû à la vibration des élytres, divisées par de nombreuses nervures en une multitude de petits compartiments. Chacune de ces étroites surfaces possède une vibration particulière, déterminant un son partiel ; et c'est l'ensemble de tous ces petits sons qui forme le *cri-cri* général, ou la stridulation.

Voici l'ingénieux mécanisme qui sert à faire vibrer les élytres : à la base de celles-ci, au dessous du corselet, se voit une surface ovalaire et saillante, que l'on nomme la *chanterelle*. Elle est séparée du reste de l'élytre par une nervure finement dentelée en dessous, et désignée sous le nom d'*archet*.

Quand les deux ailes sont au repos, l'archet

de l'une passe sur la chanterelle de l'autre. Il suffit alors que l'insecte les remue légèrement, pour que les rugosités de l'archet frottant sur la chanterelle déterminent les vibrations sonores; et selon qu'il s'agite plus ou moins, le musicien exprime son exaltation ou sa mélancolie.

Les *Locustes*, voisines des Grillons, ont leur appareil musical pareillement placé à la base des élytres. Il consiste en une série de petites lames membraneuses et parcheminées que l'insecte fait grincer à volonté, en les frottant les unes contre les autres.

La famille des *orthoptères*, à laquelle appartiennent ces artistes à six pattes, renferme encore quelques autres musiciens.

Les *criquets* par exemple se servent de leur cuisse comme d'un archet, et de l'élytre comme d'un violon. Les courtilières mâles chantent aussi dès le mois d'avril; mais ce sont des élégiaques pleurnicheurs, tristes comme des aveugles.

Les *Criocères* ont un peu plus de gaîté, mais leurs accents, produits par le grincement des plaques abdominales, ne se font pas entendre comme ceux des grillons. Les larves de cette espèce ont d'ailleurs l'habitude de se couvrir de leurs excréments; et cette malpropreté nuit considérablement à la réputation de l'insecte parfait. Celui-ci, dès qu'il qu'il a des ailes, a beau choisir pour sa demeure les corolles des lys les plus purs; on tremble toujours qu'il ait tout à coup la fantaisie de chanter ses souvenirs d'enfance !

CHAPITRE IX

Quand un drapier veut apprécier la qualité d'une étoffe, ses yeux et ses lunettes ne lui suffisent pas toujours. Il faut qu'il voie beaucoup plus loin, et qu'il parvienne à compter combien de fils l'étoffe présente en un centimètre carré. Il se sert pour cela d'une loupe assez forte qui fait ressembler le drap le plus fin à de la grosse toile d'emballage, mais qui pourtant ne montre pas dans tous ses détails la structure du tissu·

Ce n'est qu'à un grossissement de trois ou quatre cents diamètres que les voiles les plus impénétrables n'ont plus de secrets pour l'observateur, et qu'ils lui apparaissent dans toute leur perméabilité. Alors les étoffes les plus serrées sont percées à jour ; elles ressemblent à des treillis ou à des palissades. Le fil de soie devient un énorme câble, la fibre ténue du lin a le volume et l'apparence d'un arbrisseau.

Dans un vêtement de laine, les fils apparaissent comme de gros faisceaux lâches, composés de longs poils irrégulièrement entrelacés. Chacun d'eux offre l'aspect d'une épaisse mèche de coton ; disposition remarquable qui explique bien pourquoi les vêtements de laine sont plus chauds que ceux dont le tissu est beaucoup plus serré. — Dans les nombreux espaces qui

Fig. 121. — Etoffe de laine, très-grossie.

séparent les filaments laineux se loge en effet une certaine quantité d'air dont la température s'élève promptement au contact du corps, et ne s'abaisse ensuite qu'avec une grande difficulté, précisément à cause de la laine qui par elle-même est très—mauvaise conductrice de la chaleur.

Fig. 122. — Batiste, très grossie

Les tissus végétaux de lin, de chanvre ou de coton présentent   structure bien différente.

Leurs fils, au lieu d'être lâches et mollement entrelacés, ont la raideur d'une cordelette ; et l'on distingue avec peine les longues fibres qui servent à les former.

Mais rien n'est plus curieux à étudier que l'étoffe de soie, et que la composition du fil sécrété par la chenille du bombyx.

C'est dans deux glandes spéciales, placées dans le corps du ver à soie, que se prépare, au moment où la chenille doit subir sa métamorphose, la substance visqueuse qui doit produire les fils soyeux.

Ces glandes ont deux conduits qui viennent aboutir à deux filières placées sur la lèvre inférieure de l'insecte ; et dès que le liquide, après avoir traversé ces filières, arrive au contact de l'air, il se coagule immédiatement, se solidifie et prend la forme filamenteuse.

La chenille travaille alors à son cocon, et presque toujours elle le file sans interruption, jusqu'à ce qu'il soit entièrement terminé. Le fil ainsi sécrété atteint quelquefois douze ou treize cents mètres de longueur.

Étudié au microscope, ce fil, quelque mince qu'il soit, paraît toujours formé de deux brins parallèles, accolés, et maintenus par une sorte de gomme qui les fait adhérer l'un à l'autre. Malgré les apprêts que l'industrie leur fait subir, on les reconnaît cependant à ces caractères dans tous les tissus de soie, et la lentille grossissante y révèle dans tous ses détails leur bizarre structure.

FIG. 123. — La soie.

Un fil qui n'est pas moins remarquable que celui du bombyx, et qui offre d'ailleurs avec ce dernier de nombreux points de ressemblance, c'est le fil sécrété par les araignées. On sait avec quelle habileté ces industrieux petits animaux s'en servent pour tisser ces toiles aériennes, chefs-d'œuvre d'élégance et de légèreté, qu'elles suspendent aux branches des arbrisseaux ou qu'elles cachent dans les angles de nos habitations.

Les glandes et les filières de l'araignée ont une grande analogie avec celles du ver à soie ; mais, au lieu d'être placées à la partie antérieure du corps, comme chez les chenilles des bombyx, elles occupent la partie inférieure de l'abdomen.

La disposition des toiles et la force des fils

varient considérablement avec les diverses espèces d'araignées. On a calculé que dix mille fils sécrétés par un aranéide de nos climats égalaient à peine la grosseur d'un cheveu, tandis que les toiles d'une araignée du Mexique sont assez fortes pour arrêter de petits oiseaux.

On a cherché depuis bien des années à utiliser les fils des arachnides; mais, jusqu'à ce jour, les résultats fournis par les expériences entreprises dans ce but, n'ont pas été assez satisfaisants. Déjà, en 1710, le savant entomologiste Réaumur cherchait par le calcul combien il faudrait d'araignées pour obtenir une livre de soie; et il arrivait au chiffre effrayant de *sept cent mille* individus!...

Avant lui, cependant, on s'était occupé de cette importante question, et l'on avait pu fabriquer avec des fils d'arachnides des gants, des bas, et quelques autres menus objets. Un Espagnol, Raymondo Maria de Tremeyer, voulut reprendre vers la fin du dix-huitième siècle ces essais de filature; mais après quelques expériences, il se vit forcé d'y renoncer.

De nos jours plusieurs voyageurs ont raconté que dans certaines contrées de l'Amérique méridionale il n'est pas rare de voir des individus portant des vètements tissés en fils d'araignées ; mais il est probable que les espèces qui fournissent ces fils sont beaucoup plus grosses que celles de nos climats.

Cependant, grâce aux rapides progrès de l'industrie moderne, peut-être verrons-nous, dans un avenir prochain la soie d'araignées se dérouler en plis majestueux, et nos dames dédaigner les produits du bombyx, pour adopter exclusivement les merveilleux tissus d'Arachné!

SIXIÈME PARTIE

LES SECRETS DES PLANTES.

—

CHAPITRE PREMIER

PARFUMS ET POISONS.

Les insectes ont de tels rapports avec les
fleurs, que l'histoire des uns appelle tout naturellement l'histoire des autres.

Les plantes d'ailleurs sont assez riches pour
mériter par elles-mêmes notre attention.

Déjà nous connaissons les généralités de leur
structure. A propos de cellules, nous avons étudié leur constitution générale ; mais nous avons
gardé, pour ce chapitre, leurs plus remarquables particularités.

Coupons la jeune feuille d'un arbrisseau, enlevons délicatement un lambeau de son épi-

derme, et plaçons cette mince membrane sous l'objectif du microscope. Au milieu des cellules innombrables que nous apercevons, se montrent, çà et là, de petites bouches ovales, rappelant vaguement la forme d'un O majuscule, et beaucoup plus volumineuses que celles qui forment la trame épidermique.

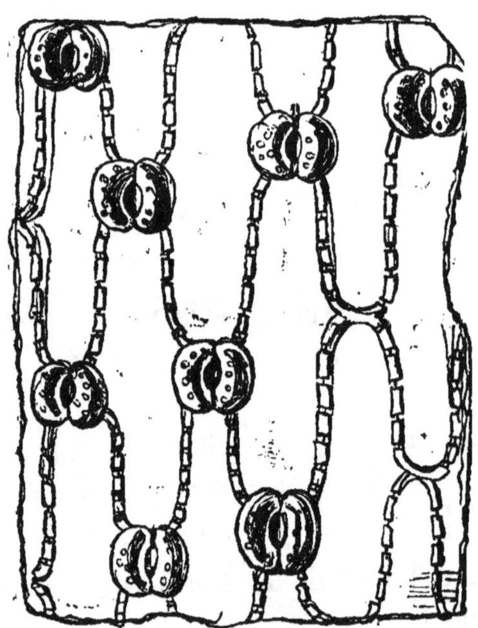

FIG. 124. — Lambeau d'épiderme d'une feuille montrant les stomates.

Ces bouches sont les organes de la respiration, et se nomment les *stomates*. C'est par là que s'exhalent l'oxygène ou l'acide carbonique, suivant que le végétal est exposé à la lumière solaire, ou plongé dans l'obscurité.

Mais puisque nous sommes entrés dans le domaine des plantes, cherchons tout de suite au moyen de quels organes se manifeste un de leurs plus charmants priviléges, celui de répandre de suaves odeurs.

Cette exhalaison s'accomplit souvent d'une façon toute simple au travers du tissu spécial des corolles ; mais des *glandes* d'une structure élémentaire sont bien souvent aussi chargées de la sécrétion des odeurs.

Il y a des plantes qui exhalent les plus suaves parfums, d'autres qui répandent des odeurs repoussantes et fétides. Ces plantes croissent pourtant l'une près de l'autre, elles puisent dans le même sol, elles sont soumises aux mêmes influences atmosphériques. Mais il faut bien savoir que dans le sol les racines des végétaux ne puisent pas toutes les mêmes éléments. Ce qui convient à la violette n'est pas du goût de l'ortie, ce qui plaît à l'œillet ne convient pas à la rose. La racine a la propriété de savoir choisir, au milieu de tous les aliments qui se présentent à son suçoir, la nourriture qui doit alimenter la plante à laquelle elle appartient. C'est le cuisinier qui connaît parfaitement le goût de son maître, et qui se garde bien de lui préparer une sauce blanche s'il n'aime que le rôti. Cette propriété remarquable des racines explique bien pourquoi le même sol ne convient pas à tous les végétaux. Aux uns, il faut une terre forte, abondante, grasse; aux autres, un terreau léger, un sol rocailleux ou sableux, etc.

Pourquoi la plupart de nos plantes sauvages ne peuvent-elles pas vivre quand on les arrache à la forêt natale, pour les transplanter dans un carreau de jardin ?... Parce qu'elles n'ont plus le rustique et grossier *fricot* qu'elles absorbaient tous les jours. On aura beau les entourer de soins, les arroser, les engraisser ; au milieu de cette abondance, elles dépériront, parce que le mets qu'elles aiment ne figure pas dans le festin que leur sert le jardinier.

Voilà donc une première cause de la différence existant entre les odeurs végétales. Les autres s'expliquent aisément, si l'on songe que toutes les plantes ne travaillent pas de la même façon, et n'utilisent pas de la même manière les aliments absorbés.

Cette variété dans le travail est même presque infinie chez les végétaux, et c'est à elle que nous devons ce nombre considérable de produits qu'ils nous fournissent. Si ces innombrables ouvriers qui, chacun dans sa spécialité, font une si grande et si belle besogne, accomplissaient tous le même travail, nous serions encore plongés dans l'ignorance la plus complète. La médecine, mère de toutes les sciences chimiques et naturelles, n'existerait pas. Nous ne connaîtrions ni les huiles, ni les essences, ni les plus belles teintures, ni l'alcool, ni le vin, ni le plus grand nombre de médicaments, ni ces terribles alcaloïdes encore peu connus, mais dont la science saura faire plus tard, sans doute, des remèdes merveilleux.

Une multitude de plantes, ai-je dit, possèdent des glandes spéciales, chargées de la sécrétion des liquides odorants. Au sommet des tiges de la *Rue odorante* et du *Géranium*, plantes très-répandues dans tous les jardins, ces glandes, cachées sous l'épiderme, fournissent une humeur si abondante que les fleurs et les feuilles en sont presque toujours imprégnées. Ce liquide visqueux reste après les doigts quand on saisit les plantes. Très-souvent des poils spéciaux, nommés *poils glanduleux*, ont la mission de conduire au dehors les sucs sécrétés. L'ortie est armée d'une innombrable quantité de poils de cette espèce, et si le liquide que ses glandes sécrètent n'est pas odorant, il jouit, en revanche, d'une causticité dont tout le monde a fait l'épreuve.

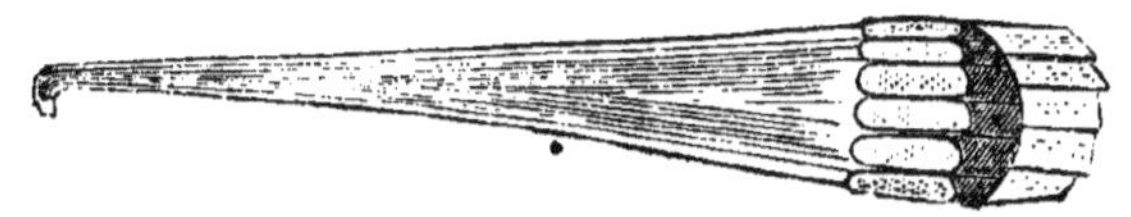

Fig. 125. — Poil glanduleux de l'ortie.

Quelquefois l'humeur n'a d'autres propriétés

apparentes que la viscosité : c'est le cas d'une plante assez commune dans nos climats, le *séneçon visqueux*, frère de celui qu'on donne aux oiseaux. Souvent, au contraire, le liquide est pernicieux, comme celui qui suinte des feuilles du rossolis.

Il y a des fleurs qui ne sont pas odorantes durant toute la journée. Le travail de sécrétion semble s'arrêter à certaines heures. La *lychnide dioïque* qui nous donne au mois de mai ses belles fleurs blanches étoilées, est absolument inodore dans la journée. Ce n'est qu'au coucher du soleil qu'elle exhale un parfum des plus suaves, rappelant un peu celui de la vanille.

CHAPITRE II

C'est un phénomène aujourd'hui bien connu de tout le monde, que celui de la fécondation des fleurs. Complétement ignoré des naturalistes anciens qui ne voyaient dans la fleur qu'une parure, qu'un ornement de la plante, il fut soupçonné par l'illustre Rabelais et son confrère Rondelet, le Rondibilis de *Pantagruel*, professeur à la Faculté de médecine de Montpellier.

Ce fut pourtant bien longtemps après, que Linnée comprit véritablement le phénomène, et qu'il le prouva par de nombreuses expériences.

Le savant botaniste suédois devina le mariage des fleurs. Il donna le signalement du mari, celui de la femme, et il expliqua avec une clarté parfaite toutes les cérémonies de leur mystérieux hymen. Dès lors la fleur n'eut plus de secrets pour les savants. L'alcôve fut ouverte à tous les yeux, et Linnée poussa l'indiscrétion jusqu'à comparer aux nôtres les mariages des plantes.

Pour lui, le *calice* de la fleur fut l'analogue

du *lit conjugal ;* la *corolle* aux couleurs brillantes lui sembla remplacer les *rideaux,* les *étamines* furent les *maris,* les *pistils* les *femmes.*

C'est une grande vérité, que les observations des savants modernes ont depuis ce temps mille fois confirmée.

La plupart des fleurs ont à fois des étamines et des pistils. Un certain nombre de plantes portent cependant des fleurs mâles et des fleurs femelles séparées ; et quelquefois les deux sexes, tout à fait éloignés l'un de l'autre, habitent sur des individus distincts. Le lis, la tulipe, la rose, etc., sont à la fois mâles et femelles. Le noisetier a ses fleurs mâles en chàton, tandis que ses fleurs femelles forment de petits bourgeons solitaires ; le chanvre a ses fleurs staminées sur une tige, et ses fleurs pistillées sur une autre.

Malgré cette séparation de corps et de biens, les couples ne font pas un plus mauvais ménage. Le vent et les insectes établissent des rapports entre eux, et les noces s'accomplissent par intermédiaire presque aussi bien que directement.

Pour féconder les dattiers femelles, les Arabes coupent les rameaux chargés de fleurs mâles, et les secouent sur les arbres dont ils attendent les fruits.

Une des plantes chez lesquelles la fécondation s'opère de la façon la plus curieuse, c'est la *vallisnérie*, que l'on trouve abondamment dans plusieurs rivières de la France Les fleurs éclosent au fond de l'eau ; mais les femelles sont supportées par un pédoncule spiralé comme un ressort à boudin, tandis que les males sont placés à l'extrémité d'une hampe très-courte.

Au moment où la fécondation doit avoir lieu, la tige des fleurs femelles se détend, s'allonge, se déroule, et les fleurs apparaissent à la surface de l'eau. Le pédoncule des fleurs mâles ne pouvant grandir de la même manière, se détache ou se rompt ; les fleurs libres viennent s'ouvrir à côté des femelles, et leur rôle terminé, elles flottent à la dérive, tandis que repliés dans leurs corolles les pistils redescendent au fond des eaux jusqu'à ce que les graines soient mûres.

Les *étamines* ont, suivant les diverses fleurs, des formes très-différentes. En général, elles consistent en un mince *filet*, supportant un petit corps que l'on nomme l'*anthère*. Celle-ci surtout est variable. Elle est creusée d'une ou plusieurs *loges*, s'ouvrant extérieurement, et remplies d'une poussière, le *pollen*, dont nous parlerons tout à l'heure. Ordinairement les anthères sont ovales, comme dans l'*amandier*, la *tulipe*, etc.

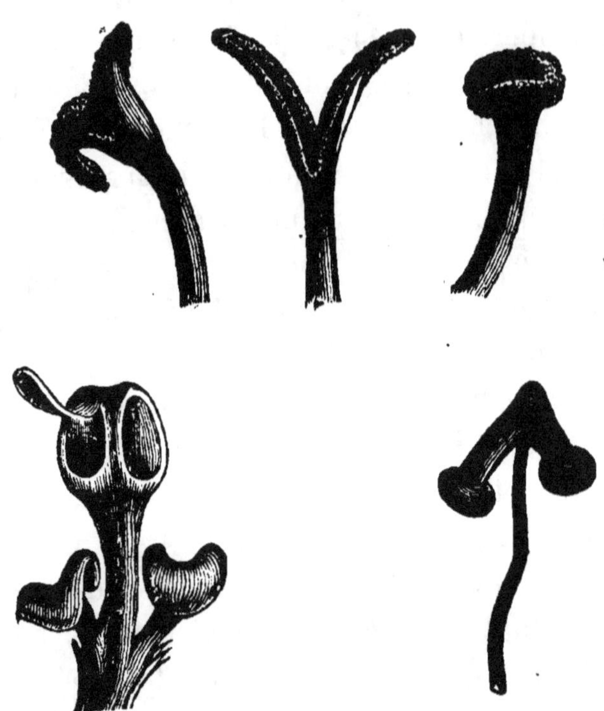

Fig. 126, 127, 128, 129, 130. — Etamines de diverses formes.

Celles du *laurier rose* sont en fer de flèche et surmontées d'un plumet ; celles de la *sauge* ont un pédicule des plus bizarres ; celles de la *guimauve* ressemblent à une tête de clou ; celles de la *violette* et de la *bryone* sont irrégulières et toutes contournées. Les unes sont très-solidement attachées au filet de l'étamine, les autres vacillent et tremblottent au moindre vent qui les secoue.

Le *pollen* qu'elles contiennent, est la poussière fécondante des fleurs. Chaque grain, vu au microscope, a l'aspect d'une petite boule ordinairement hérissée d'aspérités, parmi lesquelles se voient çà et là des opercules arrondis, s'ouvrant comme des lucarnes au moment de la fécondation. Le pollen est de couleur variable. Le plus souvent jaune, il est violet chez la tulipe et rougeâtre chez quelques autres plantes.

Pour que la fécondation de la fleur femelle ait lieu, il faut que la poussière des étamines soit jetée sur l'extrémité du pistil ou *stigmate*.

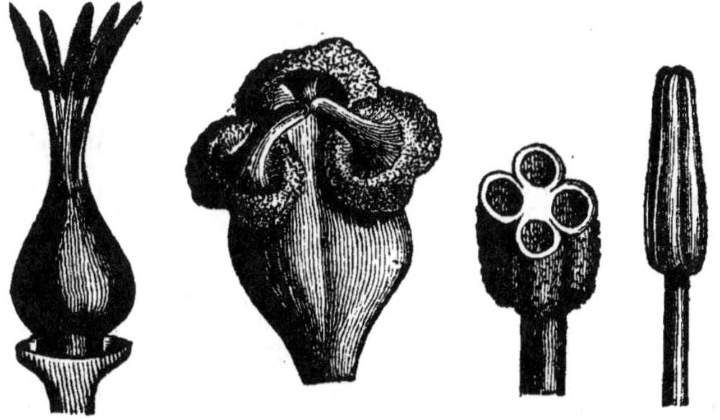

Fig. 131, 132.— Pistils de diverses formes.   Fig. 133.   Fig. 134.
Coupe d'un Un ovaire.
ovaire.

Alors le grain pollinique se gonfle ; une des lucarnes s'ouvre et donne issue à un long tube, qui descend dans l'intérieur du pistil jusqu'à l'*ovaire*. Dans ce tube se trouve une matière fluide, nommée la *fovilla*. Elle se répand sur les petites graines et, à son contact, celles-ci sont fécondées.

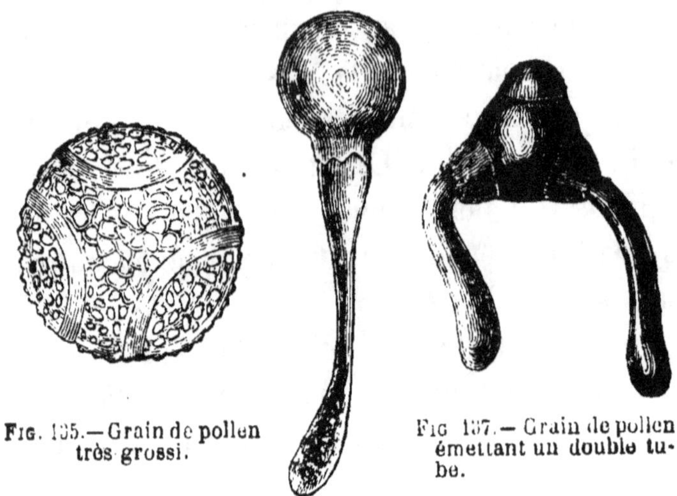

Fig. 135.—Grain de pollen
très grossi.

Fig. 137. — Grain de pollen
émettant un double tu-
be.

Fig. 136. — Grain de
pollen émettant le
tube pollinique.

Le pollen tombe, la plupart du temps, de
l'étamine sur le pistil : mais quelquefois il y est
véritablement lancé par une sorte de ressort
caché au fond des cellules de l'anthère.

Il n'est pas rare de voir des étamines exécuter divers mouvements pour favoriser la
fécondation, en assurant la chute du pollen
sur le stigmate. Celles de la *fraxinelle* et de la
rue se recourbent plusieurs fois vers l'organe
femelle ; celles de l'*amaryllis jaune* se meuvent, l'une après l'autre, autour du pistil ;
mais dans la *nigelle* et le *passiflore*, c'est au
contraire le stigmate qui se penche vers les
anthères.

Si l'on touche délicatement les étamines de

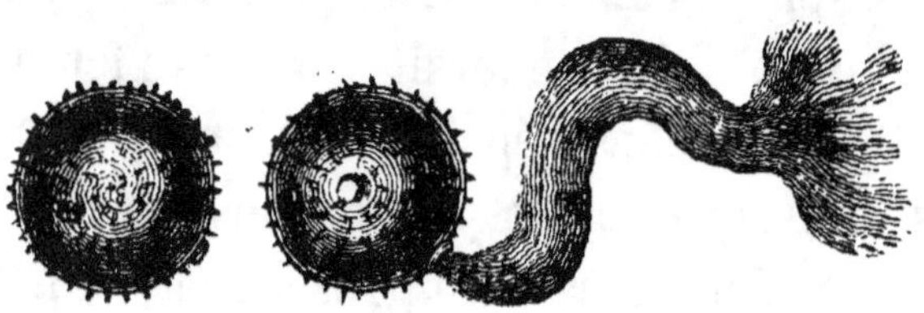

Fig. 158, 159. — Tube pollinique émettant la *fovula*.

l'*épine-vinette*, on les voit s'incliner au-dessus
du pistil, comme pour le défendre ; celles de
l'*hélianthème*, au contraire, se redressent vivement, et semblent se mettre en colère au moindre contact.

Il est une classe de végétaux dont je ne vous
ai encore rien dit, mais qui mérite de nous arrêter un moment. C'est celle des *cryptogames*.
Les naturalistes leur ont refusé pendant longtemps une fleur et des graines ; mais aujour-
d'hui, la science, sur ce point, s'est beaucoup
radoucie. On a étudié longuement et sérieuse-
ment les phénomènes de la fécondation crypto-
gamique, et si l'on n'accorde pas encore à ces
pauvres plantes des fleurs et des graines, on
leur reconnaît au moins des organes qui n'en
diffèrent pas beaucoup.

Les *fougères*, les *algues*, les *mousses*, les *li-
chens*, les *champignons*, les *prêles*, constituent
les grandes familles des cryptogames. L'œil le
plus clairvoyant aurait beaucoup de peine à voir
des fleurs sur ces plantes-là ; mais à une cer-

taine saison de l'année, et, chose bizarre, pendant l'hiver, il distinguerait sur leurs feuilles, leurs tiges ou dans l'épaisseur même de leurs tissus, des corpuscules presque invisibles sans le secours d'un instrument grossissant, et nommés des *spores*.

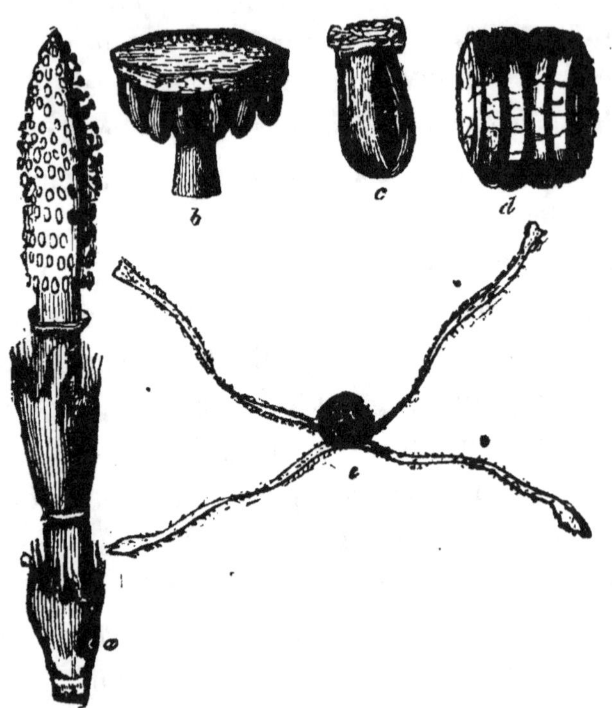

Fig. 140 à 144.

a. Prêle champêtre. — *b.* Une écaille portant les sachets *sporifères.* — *c.* Un sachet ouvert. — *d.* Un spore dont les élatères sont enroulés. — *e.* Un spore dont les élatères sont déployés.

Depuis quelques années, on a découvert, chez les algues surtout, des spores mâles et femelles, et l'on a fait sur les premiers quelques observations extrêmement curieuses. Ces spores, nommés *anthérozoïdes*, sont pourvus d'un cil vibratile. Ils se remuent avec une grande vivacité, et s'ils opèrent la fécondation autrement que les grains de pollen des plantes phanérogames, ils ne sont ni moins actifs ni moins empressés.

Les mousses ont une façon de disséminer leurs spores qui vaut la peine d'être signalée. Ceux-ci sont contenus dans de petites urnes soigneusement fermées par un couvercle ou *opercule*, et coiffées pour plus de sûreté d'une membrane en forme de cornet ou d'un bonnet poilu.

Au moment de la maturité, coiffe et couvercle

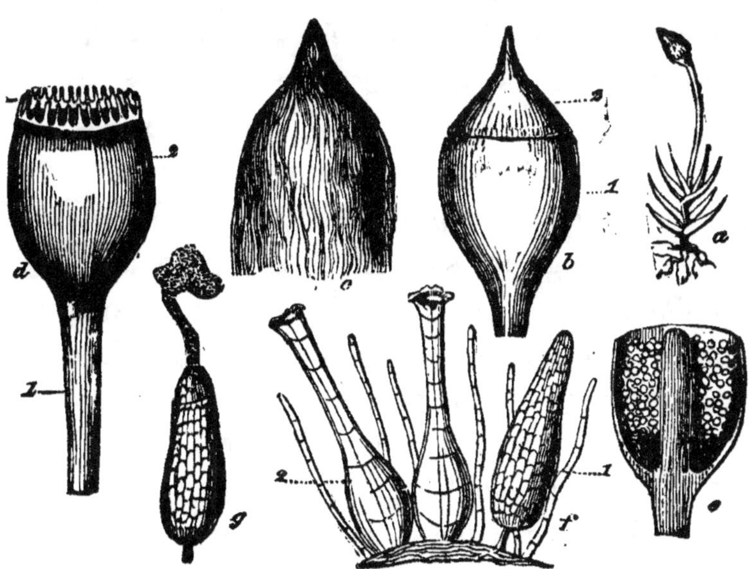

FIG. 145 à 151. — Fructification des mousses.

a. Une mousse (*Polytric*, grand. nat.). *b*. L'urne et son opercule. — *c*. La coiffe. — *d*. L'urne bordée de cils. — *e*. Coupe de l'urne pour montrer les spores. — *f*. 2. Spores très-grossis. — *g*. Spore au moment de la fécondation.

se déchirent et disparaissent. Autour de l'ouverture de l'urne on voit alors, à l'aide du microscope, une ou deux rangées de *cils*, fixés sur les bords du petit vase, et couchés horizontalement à la surface des spores. Au moment favorable, ces cils, qui jouissent de propriétés hygrométriques très-remarquables, se relèvent et permettent à quelques spores de s'échapper. Puis ils se recourbent et se relèvent de nouveau, enlevant chaque fois un certain nombre de corpuscules, et les lançant de tous côtés par un redressement brusque, à peu près comme on chasse une bille au moyen d'une chiquenaude.

Les spores des *prêles* sont beaucoup plus curieux encore. On les trouve dans des sortes de sachets suspendus à des écailles arrondies et plantées comme des cious sur la tige des végétaux de cette famille. Quand les spores s'échappent de ces capsules ils sont munis de quatre prolongements filiformes, d'une longueur considérable, relativement à la grosseur des spores eux-mêmes, qui sont très-petits. Ces filaments portent le nom d'*élatères*. Doués de propriétés hygrométriques, et d'une élasticité très-grande, ils sont toujours en mouvement, et semblent remplacer le cil vibratile des anthérozoïdes.

CHAPITRE III

LES GRAINES AÉRONAUTES.

L'épanouissement de la fleur annonce que la plante a acquis toute sa force, et qu'elle est parvenue au plus beau temps de son existence. Dès que la fleur se fane, le végétal perd sa jeunesse et sa fraîcheur. Il vieillit très-rapidement, et toute sa vie se concentre dans l'*ovaire* fécondé, où les petites graines se développent et mûrissent. Tous les organes servant à la nutrition, à la défense ou à l'ornement de la plante se dessèchent et meurent ; au bout des tiges et des pédoncules si touffus et si fleuris au printemps, il ne reste, l'automne venu, que des fruits gonflés, s'ouvrant aux derniers rayons du soleil, et laissant emporter au vent qui passe les nombreux corpuscules qu'ils renferment.

Ceux-ci tombent à terre, lorsque leur poids ne permet pas leur dissémination ; mais le plus souvent ils sont jetés à une certaine distance de la plante maternelle ; et quelquefois transportés sous un autre ciel que celui qui les a vu naître.

Les graines d'un grand nombre de végétaux sont même organisées tout exprès pour être enlevées par les vents, et dispersées de tous côtés. On les reconnaît à la présence de véritables *ailes* ou d'*aigrettes*, attachées à leur sommet ou sur leurs flancs, et admirablement disposées pour voyager dans l'atmosphère.

Fig. 152.—Graine à aigrette pédonculée.

Fig. 153.—Graine à aigrette simple.

Fig. 154. — Graine à aigrette plumeuse.

Je me suis permis de donner un jour à ces graines l'épithète d'*aéronautes* qui leur convient à merveille ; et je suis sûr que l'art de la navigation aérienne ferait de grands progrès si quelque savant avait la patience d'étudier ces microscopiques voyageuses qui s'envolent du sein d'une fleur.

Les graines de l'*orme* et celles de l'*érable* sont pourvues d'un appareil d'aérostation des plus simples. Une expansion membraneuse en forme d'ailes leur suffit pour se maintenir dans les airs, et le vent les pousse très—vite en les faisant tournoyer avec une extrême rapidité.

C'est dans la famille des *composées*, à laquelle appartiennent les *chardons*, les *laitues*, les *séneçons*, etc., que l'on trouve le plus grand nombre de graines *aigrettées*.

Vous n'êtes pas sans avoir remarqué dans les prés, à la fin du printemps, ces sphères duveteuses et d'une délicatesse incomparable que supporte la tige de la plus vulgaire des fleurs : *le pissenlit !...*

L'enfant se plaît à disperser d'un souffle cette élégante toison, et le moindre vent qui glisse sur elle l'enlève et l'emporte pour ne la laisser retomber quelquefois que dans une contrée lointaine.

Aussi le pissenlit et un grand nombre de plantes de la même famille sont-ils cosmopolites, et se retrouvent-ils sous toutes les latitudes et sous tous les climats. Une plante américaine, l'*érigeron du Canada*, qui ne se trouvait pas en Europe avant le dix-huitième siècle, est aujourd'hui si répandue en France et dans l'Europe centrale, qu'il suffit de laisser une année un champ en friche, pour que l'année suivante il produise une moisson d'érigerons, ensemencée par ce grand semeur dont je vous parlais tout à l'heure : *le vent.*

Abandonnez à la nature un carreau de jardin. Vous verrez si elle le laissera oisif. Les *séneçons des oiseaux*, les *cirses*, les *chardons* y viendront comme par enchantement et jamais vous n'aurez vu une végétation plus abondante et mieux nourrie.

La dissémination des graines, des spores, des œufs microscopiques des petits insectes et des autres animalcules, a lieu, comme on le voit, par l'entremise des vents et de l'air. Qui sait si ce n'est pas à la présence dans l'atmosphère des plus insaisissables de ces éléments que sont dues un grand nombre des maladies qui nous frappent et la plupart des phénomènes de fermentation et de décomposition dont les chimistes ignorent encore les véritables causes ?...

SEPTIÈME PARTIE

LE SEUIL DE L'INFINI.

—

CHAPITRE I

LES FLUIDES INVISIBLES.

Au delà du monde des infiniment petits, que le microscope nous révèle, il en existe un autre dont nous ne connaissons point l'étendue, et dont les meilleurs instruments d'optique ne nous découvriront sans doute jamais les impalpables limites. C'est le monde des *invisibles*, dans toute l'acception du mot. Jamais aucun regard humain n'a pu en sonder l'infinie profondeur ; jamais aucun savant n'a pu étudier l'intime structure des êtres qui le peuplent.

Un grand nombre de ces corps invisibles

tahissent pourtant chaque jour leur existence par les multiples phénomènes auxquels ils donnent lieu ; quelques-uns sont aisément perçus par le goût et l'odorat ; quelques autres, invisibles seulement sous leur forme naturelle, prennent un *corps* lorsque le chimiste les y force ; de sorte que nous connaissons beaucoup de ces êtres mystérieux à peu près aussi bien que si nos yeux les apercevaient.

Les anciens ne soupçonnaient pas l'existence de ce monde impalpable dont la chimie moderne a fait la conquête. Les sorciers du moyen-âge avaient, disaient-ils, à leur service des *esprits* qu'ils évoquaient au moyen de formules magiques, et qu'ils faisaient accourir par la seule vertu d'une baguette enchantée.

Aujourd'hui les chimistes sont aussi les maîtres de ces corps invisibles dont la puissance est extraordinaire et les vertus souvent précieuses. A l'aide de formules bien moins infernales que celles des sorciers, ils les font apparaître, les gouvernent, les dirigent, les forcent au travail, les obligent à se plier à tous leurs caprices, à toutes leurs volontés.

Malgré leur force terrible et leur grand amour pour la liberté, ces êtres, domptés par la science, lui obéissent. Quelquefois, honteux

FIG. 155. — Une explosion de grisou.

de leur esclavage, essayent-ils d'en secouer le joug ; mais ces révoltes sont très rares, et ce n'est guère que lorsqu'on les entasse dans une prison trop étroite qu'ils la font voler en éclats.

A ce dernier trait, vous aurez reconnu sans doute que je veux parler des *gaz*.

Ces corps ne sont-ils pas les plus redoutables des êtres invisibles ?

Voyez le *grisou*, l'hydrogène carboné des houillères, quels ravages il produit dans ses trop fréquentes manifestations... Au contact d'une flamme, il s'allume brusquement, détone avec une violence extrême, brûle et asphyxie des centaines d'ouvriers, ébranle et renverse les parois de la mine, qui s'écroulent sur les travailleurs !

Et l'*acide carbonique*, le gaz du charbon, qui habite à l'état naturel le fond d'un si grand nombre de cavernes et de cavités souterraines, que de méfaits n'a-t-il pas commis ?.... Que d'asphyxies, que de morts horribles, dont il a été le cruel agent !...

Passons à la bande formidable de ceux qui se trouvent à l'état latent dans ces petits grains noirs qui constituent *la poudre*. Qu'une bluette tombe sur leur prison, immédiatement ils se réveillent, et vous savez avec quelle irrésistible puissance, avec quel fracas ils prennent leur liberté. *Azote, acide carbonique, acide sulfureux*, c'est à qui partira le plus vite, et chassera le plus brusquement ce qui l'embarrasse. Vous savez tout le mal qu'ils ont fait, et qu'ils peuvent faire, quand ils brisent leurs chaînes dans la chambre à feu d'un fusil ou dans l'âme d'un canon ; mais vous n'ignorez pas non plus quels importants services, ils savent rendre, quant il s'agit de percer une montagne ou de briser un rocher.

Deux de ces invisibles, l'acide sulfureux et l'acide carbonique, peuvent être réduits à l'état liquide et même solide, au moyen d'une forte compression et d'un refroidissement énergique. L'œil peut alors les voir tout à son aise ; mais sous cette nouvelle forme, les gaz vaincus ont perdu plusieurs propriétés qu'ils possédaient à l'état gazeux. Leur frère l'azote, et quelques autres gaz, tels que l'hydrogène, l'oxygène, etc., ont jusqu'à présent résisté à cette double épreuve de la compression et du refroidissement. Combinés l'un à l'autre, l'*hydrogène* et l'*oxygène* se présentent cependant sous la forme liquide, et constituent l'*eau*. Chauffez celle-ci, réduisez-là en vapeur ; et dans cette eau vaporisée, vous retrouverez toute la force et toute la puissance des deux gaz qui servent à la former. Décomposez-la au moyen d'un courant électrique, et vous obtiendrez séparément ses deux éléments constitutifs.

L'air est un mélange d'*oxygène* et d'*azote* à la température ordinaire, et dans son état naturel ce mélange paraît n'avoir d'autre fonction que d'entretenir la respiration des êtres vivants ; mais cet air comprimé ou chauffé devient une force capable, aussi bien que la vapeur, de faire marcher les machines les plus colossales.

Il est d'autres corps invisibles plus cachés que les gaz, plus étranges, plus inconnus, et dont nous n'apprenons la présence que par leurs pernicieux effets. Je veux parler des *émanations paludéennes* et des *miasmes* qui engendrent ces terribles maladies épidémiques, nommées la peste, le choléra, le typhus, etc.

Jusqu'à ce jour, ils ont été insaisissables, et cependant ils ont déjà fait des milliards de victimes. Aucun médecin ne les a vus, mais il est hors de doute qu'ils existent ; et, quoique la science les combatte en aveugle, elle réussit bien souvent à atténuer leurs ravages.

Si nous voulions pénétrer plus avant dans cet incommensurable domaine de l'invisible, nous serions encore témoins de bien des phénomènes extraordinaires, et nous aurions à examiner bien d'autres êtres aux merveilleuses propriétés.

Le *magnétisme* et l'*électricité* ne sont-ils pas aussi des puissances bien étonnantes que durant de longues séries de siècles, les hommes ont ignorées précisément parce qu'elles ne se montraient point à leurs yeux?... Il a fallu tout le génie des grands physiciens pour faire des esclaves de ces forces aujourd'hui encore trop peu connues, mais qui sont appelées à changer complétement la face de l'industrie humaine. L'étincelle impondérable qui, en une seconde, transporte la pensée d'un bout de la terre à l'autre, à travers les continents et les mers, est destinée à réaliser des merveilles que nous ne pouvons pas même soupçonner aujourd'hui. Cet infiniment petit sera l'origine de l'infiniment grand.

CHAPITRE II

LES DEUX PÔLES DE L'IMMENSITÉ.

Nous avons jusqu'à présent promené nos regards autour de nous, pour les faire pénétrer, grâce au secours du microscope, dans le domaine de l'invisible.

Dans notre constante préoccupation à chercher dans les divers mondes avec lesquels nous sommes en relation directe, les êtres les plus intéressants, nous avons oublié de lever les yeux, et de sonder cet espace infini que la nuit nous montre peuplé de myriades d'étoiles.

Avant de pressentir le monde microscopique, l'homme avait soupçonné que les astres étaient autre chose que des points lumineux cloués à la voûte du ciel et destinés à éclairer la terre. Aussi les premiers savants furent-ils des astronomes, et ceux-ci précédèrent-ils de quelques dizaines de siècles les histologistes et les micrographes.

Le télescope fut le père de tous les instruments d'optique. Les bergers de la Chaldée, et le moine Gerbert, avaient depuis longtemps dirigé vers les espaces célestes un tube percé dans une branche de sureau, lorsque Leuwen-

hoeck et Swammerdam appliquèrent pour la première fois le microscope à l'étude des infusoires.

Depuis ces temps reculés, quels immenses
progrès n'ont pas fait ces deux sciences, tour-
nées pour ainsi dire en sens contraire, mais
identiques cependant par les moyens d'investi-
gation qu'elles emploient ; soulevant les mêmes
problèmes, se heurtant aux mêmes difficultés,
et demeurant impuissantes devant le même
obstacle : l'invisible.

Le microscope ne nous permet pas de voir
dans l'infiniment petit au-delà des *monades* ;
le télescope ne découvre rien dans l'infiniment

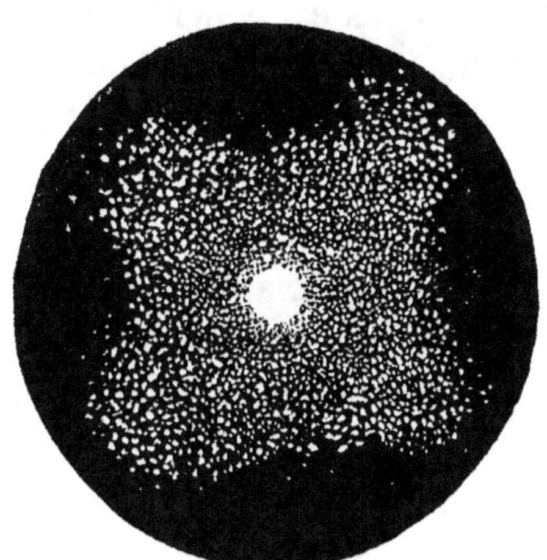

Fig. 156. — Une nébuleuse.

grand, au delà des *nébuleuses*. Les premières
sont une poussière dont chaque grain est un
corps organisé, un être vivant ; les secondes
sont une poussière dont chaque grain est un

soleil. Examinées à l'aide des meilleurs instruments, ces deux poussières ne paraissent pas avoir plus d'importance l'une que l'autre : les extrêmes se touchent.

Cependant l'astronomie est une science bien plus complète que la micrographie. Il est vrai qu'elle est beaucoup plus ancienne, et que la solution de ses problèmes a usé l'intelligence d'un bien plus grand nombre d'hommes de génie ; mais en très-peu de temps la science de l'infiniment petit a fait des progrès extrêmement remarquables. Si jamais il était possible de la doter comme sa sœur aînée de ces admirables lois qui nous expliquent si parfaitement l'ordre sublime et l'harmonie de l'univers, la micrographie atteindrait bien vite à la perfection ; mais le temps n'est pas encore arrivé de ces précieuses découvertes.

Les sciences d'observation, d'ailleurs, se développent bien moins rapidement que les sciences mathématiques. Ce n'est que par l'accumulation lente et difficile des faits qu'elles parviennent à formuler une vérité ; tandis que le calcul conduit promptement à la déduction de lois d'une exactitude merveilleuse. C'est grâce à lui que nous connaissons les mouvements des corps célestes, que nous apprécions les nombreux phénomènes qu'ils déterminent, que nous nous expliquons les troubles parfois à peine sensibles qui peuvent modifier leurs évolutions.

Entre ces deux extrêmes invisibles, l'infiniment grand et l'infiniment petit, si nous cherchons quelle place est la nôtre, nous serons à la fois effrayés et surpris. Sommes-nous d'abord à égale distance de ces deux pôles de l'immensité? Cela n'est pas probable. Comparés à l'infusoire nous sommes tout un univers; et nous avons cependant un commencement et une fin ; comparés à l'univers, nous sommes bien moins que l'infusoire ; et les mondes innombrables, suspendus comme le nôtre dans l'espace, nous accablent de leur grandeur.

Il nous reste, pour nous élever au-dessus de notre humilité corporelle, l'intelligence et la pensée. Grâce à elles, nous avons arraché à la nature quelques-uns de ses secrets les plus profonds ; nous sommes montés jusqu'à l'infiniment grand, puisque nous avons pu le deviner et le comprendre. Nous pénétrons même par la pensée, aussi loin que nous le voulons dans le monde invisible : notre imagination dépasse de beaucoup la portée du télescope et du microscope ; mais hors des limites que nos sens peuvent atteindre parcourons-nous le champ de l'erreur ou celui de la vérité?

FIN.

APPENDICE.

Après avoir tant parlé du Monde Invisible et de ses merveilles, nous considérerions notre tâche comme incomplète si nous ne mettions nos lecteurs à même de voir ce que nous leur avons fait connaître par la lecture. Pour cela il faut être armé des instruments convenables et guidé par une méthode sûre pour entreprendre ces attrayantes études.

Le mieux est de se pourvoir de suite d'un bon microscope. Acheter un instrument médiocre est une triste économie; les résultats sont nuls, les observations mauvaises et incomplètes; on est rebuté promptement, puis vient le découragement parce que l'on a attribué à la difficulté des études micrographiques ce qui provient de l'instrument seul. Avec un microscope bien construit, au contraire, l'intérêt va toujours croissant parce que l'on a confiance dans l'exactitude de son instrument, et, dans cette science si entraînante de la micrographie, l'on devient d'une ambition démesurée à mesure que l'on avance dans l'étude de ce monde plein de mystères charmants qui se dévoilent peu à peu. Pour faire votre choix d'une façon sûre, allez consulter un homme d'expérience et consciencieux; voyez surtout M Arthur Chevalier[1]. La vieille réputation de sa maison et son talent reconnu vous assurent des qualités de l'instrument qu'il vous remettra.

C'est encore à sa pratique exercée de la micrographie que vous ferez appel pour savoir quelle méthode vous devez suivre afin de pénétrer dans ce monde nouveau pour vous, et il vous confiera un ouvrage plein d'enseignements précieux dont il est l'auteur. Dans l'*Etudiant micrographe*[2], vous trouverez 400 planches qui sont autant de jalons auxquels vous reconnaîtrez le chemin parcouru et celui qui vous restera à faire.

Maintenant que vous voici muni d'un guide sûr et d'un auxiliaire précieux, lancez vous dans ce voyage auquel nous vous avons convié en commençant ce petit livre; et vous en rapporterez, croyez le bien, les plus étonnantes impressions, les plus heureux souvenirs.

---

[1] Ingénieur-opticien, fils et successeur de Charles Chevalier, l'inventeur des microscopes achromatiques — Palais-Royal, 158, galerie de Valois.
[2] 1 beau volume in-8° chez l'auteur.

TABLE

—

PREMIÈRE PARTIE

UNE EXCURSION DANS L'INVISIBLE.

DEUXIÈME PARTIE

NOS PARASITES.

TROISIÈME PARTIE

MICROPHYTES ET MICROZOAIRES.

QUATRIÈME PARTIE

L'ARCHITECTURE MICROSCOPIQUE.

CINQUIÈME PARTIE

L'ORGANISATION DES INSECTES.

SIXIÈME PARTIE

LES SECRETS DES PLANTES.

SEPTIÈME PARTIE

LE SEUIL DE L'INFINI.

192 — Abbeville. — Imprimerie P. Briez.